未来的你，一定感谢现在拼命的自己

藤蔓 编著

BITTER
BETTER
FUTURE

群言出版社
QUNYAN PRESS

图书在版编目（CIP）数据

未来的你，一定感谢现在拼命的自己 / 藤蔓编著.
-- 北京 : 群言出版社, 2017.3
ISBN 978-7-80256-756-6
Ⅰ. ①未… Ⅱ. ①藤… Ⅲ. ①散文集－中国－当代
Ⅳ. ①I267

中国版本图书馆CIP数据核字(2017)第011219号

责任编辑：李　青
封面设计：杨祎妹

出版发行：群言出版社
社　　址：北京市东城区东厂胡同北巷1号(100006)
网　　址：www.qypublish.com
自营网店：https://qycbs.tmall.com（天猫旗舰店）
http://qycbs.shop.kongfz.com（孔夫子旧书网）
http://www.qypublish.com（群言出版社官网）
电子信箱：qunyancbs@126.com
联系电话：010-65267783　65263836
经　　销：全国新华书店

印　　刷：北京鹏润伟业印刷有限公司
版　　次：2017年4月第1版　2017年4月第1次印刷
开　　本：620mm×889mm　1/32
印　　张：7
字　　数：119千字
书　　号：ISBN 978-7-80256-756-6
定　　价：39.80元

目 录
Contents

03 — 接受现状，然后改变它

04 — 躺着抱怨，不如站起来做事

05 —— 常见病：未动身，先“恐惧”

06 —— 立即行动

07 — 勤奋不能盲目，必须选对方向

08 — 选对方向的前提，是认清自己

09 —— 树立明确的目标，然后大步向前走

10 —— 要懂得对自己的时间做精细化管理

11 —— 一时的激情释放，那不叫勤奋

12 —— 每天多做一点点就是希望的开始

01 >> 拼命不一定成功，但不拼命一定不成功

风光的背后

· · · · ·

有些人总喜欢把目光停留在别人身上，他们羡慕别人美丽的外表，羡慕别人显赫的声名，羡慕别人富裕的生活，羡慕别人优越的条件。

然而，他们不知道的是，大多数风光的背后都有无数的汗水。就比如现在的一些明星，很多时候，人们只看到他们在人前风光的身影，却忽略了他们在人后辛勤地努力。

2015 年 12 月 26 日，在北京卫视《传承家》的舞台上，陈道明谈起了自己成名之前 7 年的龙套生涯。那时候，他只是舞台上的群众演员，一句台词都没有，常常是这场演匪兵，下场演伪军，再下场演特务，再下场演八路……

即便如此，陈道明自己却说，他从来没有怨气，他觉得人在各种职业中，都要有一种甘于寂寞的精神准备。

面对舞台上几十个表演高台花鼓的小演员，他说："世界上没有这么多主角，大部分人一辈子可能要甘于寂寞，或甘于平庸，但不应该打击他们的努力……"

陈道明高超的演技和他这7年的龙套有很大关系，正是这7年的努力让他锻炼出了更精湛的技艺，从而铺就了自己的成名之路。

不仅如此，就是在平时的工作中，为了完成自己的角色，陈道明也付出了很大努力。

例如很多人都知道他在拍戏时有三个“怪癖”：第一，在拍戏期间，陈道明坚持从开工到收工一直站着，因为他怕一坐下来就会跑神儿，脱离角色；第二，一旦进入剧组，换上角色的衣服，陈道明就不会轻易脱下来。拍摄张艺谋的《归来》时，陈道明一直穿着剧中陆焉识的那件破棉袄，每次拍完戏回酒店，都会引起人们的侧目；第三，在整个拍戏期间，陈道明几乎只吃蛋炒饭，他不想把过多的精力浪费在饮食上。

这三个怪癖无不表现了陈道明对自己职业的敬重和认真，人们只看到他外表的风光，却从来没有注意过他背后的付出。

没有谁的成功是唾手可得的，每一份风光的背后都有不为人知的努力。所以，我们最该做的不是去羡慕别人，而应该是排除一切干扰，努力做好自己。

22岁的美国华裔数学家王章程从美国加州大学毕业后，他的同学们大多进入了各大著名公司，只有王章程一头扎进了研究室，十年如一日地从事着自己的研究。

在这十年中，他的同学很多都已经成了大老板，月收入几十万甚至上百万。可是，王章程却从不羡慕别人，依旧租住着他的廉价房，啃着自己的干面包。别人都过上了美女、豪车的生活，王章程却没有房子也没女朋友。在外人眼中，王章程过得无疑十分凄惨。可他不在乎，他只管把自己所有心思都投入到自己的研究中。

在他35岁时，终于攻克了世界两项顶尖级的数学难题。美国十几家大学向他发出邀请，希望他可以去任教。后来，他甚至被誉为“数学之王”。

王章程的成功和他能够排除干扰，努力做自己有很大关系。试想一下，如果当时他因为羡慕同学们光鲜的生活而下海经商，那又何来之后的“数学之王”呢？

与其总把目光停留在别人的风光上，不如自己勤奋努力，只有这样创造出来的成功才真正属于你自己。

成功者比你更努力

你与成功者相比，缺了些什么？可以确定的一点是，你至少缺了“努力”。

很多人都经历过大学生活，年轻人齐聚一堂，青春洋溢，热血沸腾。不过，在同一所大学里，在同样的小环境中，总有些人出类拔萃，他们的青春更飞扬，人生更舒展。他们会获得奖学金，会得到老师的另眼相待，他们可以跟长得漂亮的人谈恋爱，他们会被其他同学“羡慕嫉妒恨”，他们会在重要社团担任重要职位，会得到更多更好的工作机会……

这类人的生活看起来既精彩又充实，让大部分每天只知道吃饭、上课、睡觉的人艳羡不已。我们羡慕着他们，认为那才是大学该有的样子！

仔细想想，我们不禁发出疑问，自己和他们身处同一学校，享受的是同样的师资力量，吃的是同样的饭，为何差距就那么大呢？

其实，只要你肯认真观察一下，并不难发现原因。原来，在我们睡觉时，他们正在自习室学习；在我们玩游戏时，他们正来回奔波着为老师帮忙；在我们上课和朋友聊天儿时，他们正在安静地听课和记笔记……每天除了睡觉，他们永远保持着饱满的精神，随时随地准备充实自己的头脑，积累自己的力量。

为何他们比我们优秀？不同的人会给出不同的答案，但无论是谁都不得不承认，有一个因素毋庸置疑，那就是——因为他们更努力。

王小波和张军是大学同学，毕业后，因为工作不好找，为了维持生计，他们一起来到一家工厂当工人。因为只是普通的工人，薪水自然不高，这让张军非常不满，每天都向王小波抱怨，自己堂堂大学生，只能干这种工作，挣这么点儿钱。每当这时，王小波只是笑笑，并不说什么。

与张军相反，王小波在工作中十分卖力，有的老员工笑话他："怎么刚进厂就着急表现啊？要表现也应该到车间主任跟前表现去，自己一个人也在那儿卖力地干，这不是傻吗？"

不管别人说什么，王小波都不理会，他每天依旧忙得脚不沾地，似乎总有很多活要干。至于张军，除了每天抱怨外，就是和同事们在工作时间侃大山。第二天就要交给主任的工作，他往往得拖好几天才能完成。

进厂一年后，王小波和车间主任熟识了，知道他毕业于名牌大学，计算机和英语都很厉害，每个月的收入是他的五六倍。了解了这些情况的王小波有点儿心动，他心里想："我也是大学毕业的，不过英语和计算机都不算太好，大学里不过是学了个皮毛。但毕竟有个皮毛，学起来应该不费劲儿，现在没有那么多活，不如我自己学学吧。”

于是，利用业余时间，王小波报了个电脑培训班。原本，他要拉张军一起去，但张军却说：“咋的？你上大学时还没学够啊，再说，现在每个月就那么点儿工资，哪儿有闲钱学这个。”于是，王小波只好自己去。

因为大学时已经学过office办公常用的软件，所以王小波并没有花太多时间就重新熟练了起来，然后，他又在培训班上学了数据库管理和C语言。王小波非常勤奋好学，只要遇到不懂的问题，即便早已下课，他也会跑到培训班去问老师。

平时工作不忙时，他就会拿本《C语言入门教程》在车间看。有一回恰好被车间主任看到，主任笑了笑，并没有多说什么。

后来有一次，主任将他叫到办公室说：“你也是大学毕业的，我前一阵看你在学计算机，我这儿正好有点儿活，你帮我把这些报表用电脑做一下吧。”凭借之前学习的知识，王小波很快就按主任的要求完成了任务，让主任非常满意。

从那以后，只要有这样的活，主任就会交给王小波来完成。张军见此情景向他抱怨道：“你可真幸运，隔三岔五就能去主任办公室坐着，哪儿像我，天天在车间出大力。”

再后来，王小波从车间直接被调到了厂院办公室，专门给主任做助手。主任也十分喜欢这个勤奋好学的年轻人，会主动教给他很多东西。后来，主任被提拔到总厂，临走之前，直接向总厂推荐了王小波来接替自己的职位。就这样，王小波从一名流水线工人当上了车间主任，随后凭借自己的勤勉好学，一路高升。

至于张军，依旧在车间里得过且过地混日子。

张军和王小波是同一所大学毕业的，进入工厂后承担的也是同样的工作，但因为一个懒散怠惰，一个勤奋刻苦，最后的发展竟然天壤之别。

在平时的工作中，你是否也遇到过这样的人，明明比你入职得晚，却比你提升得快。此时，你是否也暗自疑惑，搞不清楚其中的原因。其实，答案很简单，同样的环境，你不如别人，不过是因为你没有人家努力罢了。

别人工作时，你在和同事闲聊；别人虚心向老板求教时，你在刷朋友圈；别人认真阅读专业书籍时，你在睡觉。你不如别人，这不是应该的嘛。你自己无法做到勤奋刻苦，还妄图像他人那样出类拔萃，这不是做梦是什么？

也许你还在期待哪一天，天上掉馅儿饼，没准儿自己摇身一变就成了杰出人士。还是趁早打消这种念头吧，世上的人那么多，就算上帝有那闲工夫，这种好运也不一定会落在你的头上。所以要想成功，除了积极努力地去奋斗外，你别无选择。

不付出，无收获

华人首富李嘉诚曾说过：“当你们梦想伟大成功的时候，你有没有刻苦地准备？当你们有野心做领袖的时候，你有没有服务于人的谦恭？我们常常都想有所获得，但我们有没有付出的情操？”

这句话的意思很明白，那就是要想得到收获，我们必须先学会付出。

付出和收获犹如播种和丰收，只有先播种，才有丰收的可能，同样，只有先付出才会有收获。其实，这个道理很多人都知道，但真正明白的却没有几个。

有个年轻人想在自己家所在的街道上开一家商店，因为没有太大把握，他打算先征求一下父亲的意见。

他向父亲问道："我打算在街上开一家商店，在这之前，我该做哪些准备？"

父亲沉思了一会儿，然后问道："你是想挣大钱还是小钱呢？这两种选择需要你做的准备可不一样。"

儿子答："我当然是想挣大钱了，那我需要做何准备呢？"

父亲接着说道："这很简单，如果你想挣大钱，那就先去为街上的邻居们做点儿事吧。"

"我应该做点儿什么？"

"能做的事很多，例如打扫打扫街上的落叶，帮一些家庭解决一些小困难，帮邮差送送信……"

"可我为什么要做这些？我只是想开个商店，做这些事对我有什么影响吗？"

"当然有影响，如果你想让自己的生意兴隆，这些事肯定能给你帮上大忙。"

对于父亲的话，年轻人并不是很能理解，不过最后他还是打算按父亲的吩咐去做。每天早上，他都会起来将街道打扫得干干净净。谁家有个小困难，需要照看一下老人或孩子的，他更是义不容辞。没过多久，这位年轻人的大名就传遍了整个街道。

半年后，年轻人的商店在街道上开张，生意异常火爆，就连一些不住在这条街道上的老人都主动跑到他的商店里买东西。这让年轻人非常疑惑，有一天，他终于忍不住向一位老人问道："你并不住在这条街道，你家门口应该也有商店，怎么还非得跑到这么远的地方买东西呢？"

老人笑着回答说："我们都愿意来你的店里买东西，因为你是个好人，卖的东西我们放心。"

听了老人的回答，年轻人终于明白了父亲当初的用意。从那以后，他依然会主动去帮助大家，每当有人遇到困难，他都会慷慨相助。一年后，他的名字传遍了全城，来他店里买东西的人越来越多，他的生意也越做越大。

每天坚持去打扫街道，帮助大家，并不是件容易的事，但这位年轻人做到了，正是因为他先付出了努力，所以最后才收获了大家的信赖。

无论是谁，想要收获丰硕的成果，都必须先付出辛勤的劳动，这世上从来不存在什么不劳而获。每一个成大事者，无不是勤奋的人。安徒生原本是一位鞋匠的儿子，因为勤奋，最后成了童话大王；爱因斯坦幼时智力发育缓慢，因为勤奋，最后创立了举世闻名的相对论；霍金先天残疾，饱受病痛折磨，因为勤奋，最后依然成为中外闻名的科学家……古今中外，最后有所成就的人，都曾在之前付出了辛勤的劳动。

1910年，华罗庚出生于江苏省的一个小县城金坛。小时候，华罗庚一家的生活很拮据，父亲仅靠一家杂货铺维持一家人的生计，小小的华罗庚经常吃不饱。

上初中后，华罗庚对数学产生了浓厚的兴趣，他的聪明机灵很受老师王维克的喜欢。因此，王维克经常单独辅导他，并找来一些难题让他做。不过可惜的是，初中毕业后，家里已经无力供华罗庚读书，迫不得已之下，他只好辍学。

辍学后，华罗庚开始在父亲的杂货铺里帮忙，但小小的柜台并没有阻隔他对数学的热爱，他依然利用一切机会来学习数学。王维克老师还特意借给他三本教材，代数、几何和微积分各一本。

18岁那年，华罗庚在王维克老师的帮助下在金坛中学当了一名会计，同时兼管学校事务。那段时间，华罗庚过得十分辛苦，白天，他要处理学校繁杂的事务；晚上，他要去帮父亲照料杂货店；晚上8点以后，回到家的他还要清理小店账目；在这之后，他才有时间钻研数学，因此常常忙到深夜。没过多久，华罗庚不幸染上了正在流行的伤寒，在床上待了半年多，虽然最后病好了，但他却因左腿弯曲变形而成了残疾人。

然而，即便境况如此糟糕，华罗庚依旧刻苦地自学，他通过各种途径阅读大量书籍，并敢于挑战权威。19岁时，他偶然看到一位大学教授的论文，并在其中找到了错误。于是，他将自己的看法写成一篇名叫“苏家驹之代数的五次方程式解不能成立之理由”的文章，并于第二年在上海《科学》杂志上以“金坛人”之名发表。

后来，他又以此名在数学论坛上发表过几篇数学论文，很快就吸引了清华大学数学系主任熊庆来的关注。在熊庆来眼里，这位“金坛人”是个数学奇才。后来，当他得知此人只有初中文化时，感到非常震惊。他诚挚地向华罗庚发出邀请，希望他来清华大学数学系当管理员。华罗庚欣然前往，通过不断地努力，在清华大学自学了英语和德语。

24 岁时，他写的数学论文采用的全部都是英语；25 岁时，他的论文引起了国外数学家的关注；28 岁时，他成为西南联大教授，并在熊庆来的推荐下，得以去英国剑桥大学深造。

后来，新中国成立，华罗庚果断抛弃国外优越的环境，重新回到祖国，成为中国科学院数学研究所所长。

1983 年，重游美国的华罗庚接受了美国科学院外籍院士的荣誉称号，这是美国科学院 120 年历史上第一次把这一荣誉授予一位中国科学家。

无数个日夜，华罗庚都在挑灯夜读，他所有的知识都是靠自学得来的。正是因为他能如此这般付出，所以最后才有了这么丰硕的收获。

付出和收获既相互矛盾又相互促进，但不管怎么说，有一条是可以肯定的，那就是付出总是在收获之前。当我们无法对结果进行预测时，最该做的不是颓然地放弃，而是应该更加倍地努力。因为只要我们开始努力，付出自己的时间和精力，天长日久，总有收获的一天。

要想活得像样，不吃苦是不行的

有两块大石被雕刻家选中，要把它们雕刻成佛像。

雕刻家先从一块石头上下手，谁知刚刻了没几下，这块石头就大叫起来：“哎呀！快住手，你弄疼我了。”

雕刻家只好安慰它说：“忍忍吧，如果忍过去了，你就是佛像了，能受万人敬仰。”

石头听了答道：“那好吧，我就再忍忍。”可是没忍多久，石头又开始不停地大叫。

于是，雕刻家只好暂时放弃它，对第二块石头雕刻起来。无论雕刻家怎样下刀，第二块石头都一声不吭。雕刻家聚精会神，越雕越有感觉。

第二块石头不但不喊疼，甚至还在暗暗期待自己成为佛像的一天。

就这样过了半年，经过了不知多少刀的雕琢，第二块石头终于变成了庄严的佛像，被僧侣们供奉在大殿中，每日接受万人的膜拜。

至于第一块石头，则被彻底打碎，变成了铺路的石子，每天供人践踏。

人们常说“一分耕耘一分收获”，这世上的事向来如此，一味地怕吃苦，图享受，最后只能一事无成。我们可以看看身边那些有所成就的人，哪一个是在安逸中得到的成功?

无论是谁，要想有所成就，就必须付出比别人更多的努力，经受比别人更多的痛苦。

现在的很多年轻人，虽然很优秀，要学历有学历，要形象有形象，但最后依然有可能湮没无闻，之所以会这样就是因为他们身上缺少了一种吃苦耐劳的品质。

韦文军是深圳装修装饰行业的传奇人物，他一手创办了家天下装饰设计有限公司，短短几年时间，年纯盈利就超过了百万。

他传奇般的发家史被很多同行所议论，面对大家的各种猜测，韦文军一边握着早已习惯的烟斗吞云吐雾，一边向别人讲述了自己的经历。

刚从大学毕业时，韦文军着实吃了不少苦。那时他去一家公司应聘，这家公司主要从事的是装修设计，在当地非常有名。他拿着自己的简历和设计作品紧张地敲开了公司老板的门，结果老板一听说他刚毕业，一点儿经验都没有，直接拒绝了他。

然而即便如此，韦文军却没有放弃希望。他拿着简历回到老板跟前，一个劲儿地恳求老板，希望给他一个机会，并把自己的设计作品展示给他看。老板扫了几眼，觉得还有点儿意思，但还是对他说："不行，现在都是用电脑办公，谁还用图纸啊！"

韦文军一听，一个劲儿说自己会电脑，还说只要让他留下，哪怕先当个试用工也行。老板被他的真诚感动，同意先试用他几天。

然而，才过了两天，老板就找到了他，生气地要求他立即离开公司。原来，他根本不会什么电脑，只是懂一些皮毛罢了，而且公司的快节奏他也根本适应不了，公司显然不需要这样的人。

可是，不管老板怎么催促他离开，韦文军都无动于衷，非要留在公司。还说，他就是想学电脑，只要管他吃住，他不要任何报酬。最后老板没办法，只好说："如果你非得留下，那每天打扫公司厕所的工作就交给你了。"

老板的原意是以此来逼迫他离开，但没想到的是，韦文军竟然非常痛快地答应了。从那以后，他每天都要抽时间去打扫公司的厕所，甚至连女厕所都归他清理。剩下的大部分时间他都在学习怎样使用电脑，别人中午吃饭时他在学，别人晚上下班回家睡觉时，他还在学。

可是，他的努力并没有换来别人的另眼相看，反而因为打扫厕所的工作，被很多人看不起。

有一次，他坐在一位女同事后面，仔细学习人家怎么操作电脑，结果没想到，没过多久，那位女同事竟然站起来，当着全公司员工的面儿对他说：“你能不能离我远点儿，你身上垃圾的馊味都快把我熏吐了，你自己就没感觉吗？”韦文军笑了笑，什么也没说就默默地走开了。

靠着这种类似于偷师的方法，韦文军的电脑技术学得差不多了。这时，他又觉得自己对建筑领域了解得太少，更别提装修设计了。所以，他打算去“赖着”总工程师，能学一点儿是一点儿。

刚开始，总工程师很讨厌他，谁也不想天天走到哪儿都跟着一个扫厕所的人。甚至会故意嘲讽地问：“刷完马桶你洗手了吗？”每当这时，韦文军就嬉皮笑脸地答：“洗了，洗了。”

为了拉近和总工程师的关系，他想了各种办法，最后总算心想事成，被他执着精神感动的总工程师同意他跟着自己学习。

韦文军就这样学会了电脑和建筑，能力得到很大提升，同时，他的勤奋好学也终于感动老板，让他成了公司一名正式的设计师。

不过他的努力并没有到此为止，为了学到更多知识，他依然坚持不懈地努力着。后来，随着能力的提升，他不断被提拔，从设计师升为设计主管，最后直接当上了艺术总监。

两年后，韦文军终于用自己攒下的50万元创办了一家自己的公司，这就是家天下装饰设计有限公司。这间公司的成功无疑证明了韦文军吃的苦并没有白费。

后来，每当他回忆自己这段艰苦奋斗的经历，都会毫不避讳地笑着说：“其实我是刷马桶出身的。”

很多成功都来源于曾经流过的泪水、下过的苦功。其实，我们的梦想犹如埋在土里的种子，只有经过不断地辛勤灌溉，它才有发芽长大的一天。

也许现在，我们被人羞辱、受人排挤、无法获得他人的尊重，我们的努力迟迟没有结果。如果你因此就觉得气愤万分，选择了放弃，那你就永远等不到梦想发芽结果的一天。

千万不要着急，忍住一时的痛苦和愤懑，是为了以后告诉那些曾经看不起你的人“我能行”。

在还没有成为蝴蝶之前，蝴蝶的幼虫被严实地包裹在茧中。当它们长出翅膀，生命发生质的变化时，必须从茧上一个极其狭小的通道穿过去。这对脆弱的它们来说，犹如经历一场生死考验。

有个小男孩无意中发现一只茧，里面的蝴蝶刚长出翅膀，正在用力向外挣扎。它的身躯是那么柔弱，它的肢体是那么纤细。男孩在旁边紧张地观察着，生怕它渡不过这道难关。蝴蝶不停地挣扎扭动，但无论它怎么折腾，翅膀还是被裹在茧里出不来。

男孩在一边焦急地等着，忽然想到一个好办法。他转身跑回屋里拿出一个小刀，小心翼翼地将茧上的通道弄大了一些。看着蝴蝶的翅膀一下子从茧中挣脱出来，男孩高兴极了。

然而，蝴蝶出来后，并没能张开自己的翅膀，它只是拖着翅膀在地上爬行。男孩这时才发现，这只蝴蝶飞不起来了。

不明原因的男孩跑回家问爸爸，为什么蝴蝶飞不起来呢？爸爸告诉他，那个狭小的通道是帮助蝴蝶两翼成长的关键，在从那穿过去的时候，通过用力挤压，蛹才能将血液输送到两翼上去。只有等到两翼都充血时，蝴蝶才能真正飞起来。现在，通道变大了，挤压力不够，两翼没有血液输送，自然飞不起来。

我们的人生和一场“蝶变”没什么区别，都需要艰难的淬炼，最后才能破茧成蝶。

每个人在成功之前都会经历很多苦难，正是这些苦难坚实了我们的翅膀，锻炼了我们的能力，让我们能够飞得更高、更远。

真的有捷径吗？

小时候听《西游记》的故事，心中十分好奇，唐僧的三个徒弟既然都会法术，为何不直接把唐僧带到西天呢？要知道九九八十一难可不是闹着玩儿的，一不小心唐僧就成了妖怪们的腹中餐。后来长大一些的我终于明白，原来要想取得真经，必须一步一个脚印儿地走过去，不能走捷径。

曾经在网上看到过一幅漫画，描绘的是这样的场景：

一堆人在向前行进，每个人的肩上都扛着一个大大的十字架，这使他们的脚步看起来沉重而艰难。

走着走着，突然有个人停了下来，他看着自己的十字架想：“怎么能让自己轻松一点儿呢？”沉思良久，他做出一个惊人的决定，他拿出电锯，将十字架锯掉了一块。

少了一块的十字架果然轻松很多，这个人的脚步也加快了。

又走了一段时间，这个人再次感觉到了肩头的沉重，于是，他停下脚步，拿出锯子，把十字架又锯掉了一块。

这次，十字架变得更轻了，这个人毫不费力地就能扛起它。看着身边那些被沉重的十字架压弯了腰的人，他不禁得意地哼起歌来。由于肩上的负担变小了，他的脚步更快了，没过多久就走到了队伍的最前面。

走着走着，突然一个沟壑出现在他面前，又深又长，上面也没有桥能通过。这可怎么办呢？他左思右想，始终没有好办法。

这时，落后于他的那些人慢慢赶了上来，他们看着面前的沟壑，果断地放下自己的十字架，把它当作桥，从沟壑上走了过去。这个人想要如法炮制，但可惜的是，他的十字架已经太短了，根本无法够到沟壑的对岸。

就这样，他不得不停下自己前进的脚步，在沟壑前悔恨地看着他人向着自己的目标前行。

每个人都想追求成功，都想走最少的路最快到达顶峰。然而，生活中很多事并不能如人所愿，有时候，越是着急走近路，越是容易在路途中遇到阻碍。

如果有时间，我们可以看看自己的周围，是不是总有一些人企图走捷径。例如在工作中，有些人不想着怎么认真努力地完成工作，反而整天跟在老板后面端茶送水，一旦老板有什么风吹草动，他绝对第一个冲过去献殷勤。这样的人企图通过这种方式引起老板的注意，从而让自己得到提升。

这样的人聪明吗？其实这种人最笨。因为即便你通过这种方式获得了自己想要的职位，依旧很难得到别人的真正认可，也很难获得下属的尊重。不是靠自己能力得来的职位并不牢靠，说不定哪一天，遇到一些棘手的问题，你就会暴露自己的无能。

依靠偷奸耍滑、投机取巧而得来的成功，永远不可能长久，因为它并没有坚实的基础。只有脚踏实地，努力提高自己的实力，这才是我们取得成功的最根本办法。

瓦伦蒂诺·加拉瓦尼曾在巴黎学习时装设计，这座被誉为“世界时装之都”的城市教会了他很多东西。在自以为学成之后，他回到自己的祖国意大利，在罗马开了一家时装店。然而，开业的第一年，店铺生意并不好。

看着惨淡的生意，瓦伦蒂诺开始反思，自己是不是哪里做得不对了？想来想去，最后觉得还是自己的技艺问题，看来要想让生意好起来，必须脚踏实地地提高自己的技艺。别人也许会因为你是从时装之都回来的高看你一眼，但如果你自己没有实力，大家还是不会买账。

于是，从那天开始，瓦伦蒂诺开始想方设法地提高自己的技艺，他利用一切机会向他人学习。无论是有名的服装大师，还是街头裁缝，只要他觉得对方有值得他学习的地方，他就会不顾一切地追问学习。就算只是一个打蝴蝶结的手势，只要他觉得优雅好看，都会记在心里仔细揣摩。

8 年后，他的技艺越发精湛，声名不断散播，很多人都慕名而来请他设计服装。再后来，他以自己名字命名的服装品牌已经成了很多大牌明星、达官贵人的宠儿，他被公认为“高档时装之王”。他创建的“华伦天奴”更是成为全球高级定制和高级成衣顶级的奢侈品品牌。

人生的每一点儿进步，每一次成功，并不是靠捷径就能获得的。将梦想变成现实的道路是一个人脚踏实地、一步一个脚印努力拼搏的过程。

爱默生曾告诫我们:“年轻时,谁没有空想过？谁没有幻想过？想入非非是青春的标志。但是，我的青年朋友们，请记住，人总归是要长大的。天地如此广阔，世界如此美好，等待你们的不仅仅是需要一对幻想的翅膀，更需要一双踏踏实实的脚。”

懒惰会蚕食你的人生

你是否有过类似的经历，当你想要开始某项工作时，总会找一些借口让自己心安理得地放松一下。

例如，前一天晚上，你为明天的工作定好了闹钟。可是，当第二天闹钟响起时，你却贪恋被窝的温暖，心里不停地想着：“再躺一小会儿就起来，就一小会儿。”时间就这样一点点地过去了，直到惊觉快迟到了，你才会手忙脚乱地爬起来。我想这种经历对很多人来说都不陌生，之所以会这样就是因为我们有惰性。

有时，我们会将自己的惰性伪装成一种高效率的方式。例如，当我们把事情拖到最后一刻时，如果有人问：“你怎么还不快做呢？要不然就来不及了。”我们就会说：“没问题的，我的实力就是在最后一刻才能激发出来的。拖到最后，我才能保证自己很快就会完成。”

有时，我们还会将自己的懒惰伪装成不可更改的现实。例如当别人质疑我们懒惰时，我们会说：“我父母也这样，我这是天生的，怨不得我。”或者在某项工作没有按时完成时狡辩说：“我根本不擅长这种工作，如果是我擅长的，我肯定早就完成了。”

有时，我们还会将自己的懒惰归咎于外部的环境。例如在犹豫要不要做这件事时，我们会想：“还是算了，我们要学会享受短暂的人生，没必要把自己弄得那么累。”

其实，这种种伪装不过是我们给自己的懒惰找的借口罢了。

如果最后还是没能让按时完成任务，我们就会宽慰自己说：“我下次一定能提前干完。”但到头来，下次往往还是如此。

有一个商人需要运送一批货物，他让仆人牵来两匹马，它们身后各拉着一辆马车。货物被搬到两辆马车上，商人和仆人各赶着一辆前行。

商人赶着的那辆走在前面，马儿很努力，所以商人赶得很轻松。仆人赶着另一辆走在后面，不知怎么回事，离商人越来越远。当商人发现这一情况后，赶紧停下来等着仆人。待仆人赶上来后，商人询问原因，仆人说后面这匹马走一会儿停一会儿，怎么赶也走不快。

为了不耽误交货的时间，商人只好说，这样吧，你把你那匹马上的货物挪到我这辆马车上。于是，仆人将第二辆马车的货物都挪到了第一辆马车上。等到货物都搬完了，后面那匹马拉着空的车轻快地走到前面那匹马跟前说：“你看看你，真是傻子，越是卖力干得越多，哪儿像我现在这样轻轻松松的。”前面那匹马看了看它，什么都没说，依旧卖力地前行。

到了目的地后，商人如期将货物交给了买家。他和仆人赶着空车返回，到家后，商人对仆人吩咐道：“既然一辆马车就能拉动所有货物，那我还养两匹马干什么呢？不如用所有饲料好好喂养能干的这匹，把没用的那匹杀掉吧，最起码还能得到一张皮。”那匹总是偷懒的马就这样丢掉了自己的性命，而商人家的墙壁上多了张马皮。

一个懒惰的人很难专心完成自己的工作，他会像例子中的第二匹马一样，总是想在工作中偷奸耍滑，这种人表面看着精明，可一旦被老板发现，随时都有被解雇的危险。

一个懒惰的人还很容易生出抱怨，因为他们往往只看到别人取得的成绩，却不关注别人付出的努力。每当看到别人升职、加薪，他们不会反省自身，反而会抱怨自己时运不济。懒惰的人永远都不明白，要想有所收获，必须先付出努力。

其实，每个人都有懒惰心，但这并非是不能克服的毛病，实际上，只要我们每天保持勤奋，努力多做一点儿，懒惰就会离我们越来越远。

在阿尔伯特·哈伯特年轻的时候，曾经做过各种各样的职业，他当过清洁工，也做过家教，当过收银员，也推销过字典。这些工作虽然挣得不多，但好在工作简单，根本不需要花费多少精力就能完成。

哈伯特一直是这样认为的，但这种观点在他到一家商店里当出纳时发生了改变。

在当上出纳不久后，有一次，他十分轻松地完成了老板布置的任务，然后就靠在柜台旁和同事闲聊。这时，老板走到他面前示意他跟着自己，紧接着老板就来到货架上，开始整理其货架上的商品，随后又将柜台和购物车里客人不要的东西放回了原处，将柜台上清理得非常干净。

这件事彻底改变了哈伯特的观点，他突然意识到，原来除了自己的本职工作外，他还应该多做一些。即便老板并没有提出这样的要求，他自己也应该主动去做。从那以后，哈伯特将这种积极主动的态度奉为自己行事的准则，无论做什么，他都会主动多做一点儿。

最后，这种态度果然让他变得更加优秀，他还自己写了一本书《致加西亚的信》，这本书非常畅销，印数高达 4000 万册，创造了一个作家有生之年一本图书销量的历史纪录。在之后的80年间，这本书被翻译成很多种文字，被很多国家的企业、军队赠送给自己的职员和士兵,作为培养职员和士兵敬业守则的必读之物。

懒惰是一种习惯，勤奋同样是一种习惯，既然都是习惯，为何不选择后者呢？无论我们正在从事什么工作，每次积极主动地多做一点儿，也就相当于每次都超越别人一点儿，时间一长，积少成多，我们就会比别人离成功更近一点儿。

勤奋，不仅仅是拼体力

“充分思考每一个问题，这正是我们缺少的。我们必须明白，只有依靠思考，我们才能赚到薪水。”这话出自 IBM 的创始人沃森之口。从那以后，一块写着“想”字的金属牌出现在了 IBM 公司所有管理人员的桌子上。

所谓的“想”指的就是积极的思考，这是我们取得事业成功的关键。一个人即便很勤奋，但如果仅限于傻干，仅限于卖苦力，而不善于思考，不在精神上勤奋，依然很难取得进步。很多时候，大家一起工作、学习，最大的差距并不在于彼此的智商或者勤奋程度，而在于谁更善于思考，使“身”的勤奋与“心”的勤奋完美结合。

从前有一位画家，他最擅长的是画猫，他笔下的猫栩栩如生，老鼠见了都要绕着走。所以，很多人为了防鼠就故意将他的画买回去挂在墙上，画家也因此得到了“猫王”的美誉。

画家一生收了两个徒弟，跟了他很多年，学会了他全部的画猫技巧。有一天，他将二徒弟叫到跟前说道："你出师了，我已经没什么可教你的了，在很多方面，你甚至已经超过了我，现在就回家去吧。"二徒弟虽然不舍师父，但无奈画家态度坚决，只好含泪拜别师父回家去了。

大徒弟知道此事后，立即跑到画家面前问："师父，为什么师弟先出师了？明明是我先来的，我可比他早学了半年的画呢，现在是不是我也能出师了？"听了大徒弟的问话，画家严肃地答道："恐怕还不行，虽然你比他学画的时间长，但依我看，你可能这辈子都无法出师了。"

徒弟听后大惊失色，忙问师父这是为什么。师父接着说道："虽然你平时练画很刻苦，基本功也很扎实。但你却只知道模仿他人，不善于自己思考，所以你的画没有丝毫创新。可你师弟在画画时，非常善于用脑，画出的猫形态各异，灵动异常。两相比较之下，你显然不如你师弟，我又怎么敢让你出师呢？"听了师父的话，大徒弟非常不服气，生气地走了。

几年后，二徒弟已经远超师父，成了远近闻名的"猫神"，而大徒弟的画在市场上却少有人问津。

大徒弟虽然比二徒弟学画的时间长，平时练习也很刻苦，但因为不善于动脑，最后取得的成就远不如二徒弟。

如果我们善于思考，思想就不会僵化，工作中也会有创新；如果我们善于思考，就能对所学的知识进行灵活运用，避免出现"学而无用"的情况；如果我们善于思考，就能明了自身的短处，抓住方向积极地去弥补；如果我们善于思考，就能从失败中汲取经验，做到"吃一堑，长一智"；如果我们善于思考，就能避免整天“瞎忙”，将时间和精力都耗费在无意义的努力上。

在生活和工作中，我们经常遇到各种问题，此时，迎难而上努力解决，这种精神固然可贵，但有时一味地向前猛冲很可能是白费劲儿，反倒不如停下来仔细想想，没准儿能找到更好的方法。

国王想要一顶纯金的王冠，于是，便命令工匠去打造。工匠打好后献给国王，但国王却怀疑王冠上的金子有一部分被工匠偷换掉了。于是，他招来阿基米德，命令他在不损坏王冠的前提下，检测出王冠是否真是由纯金打造的。这个问题让阿基米德一筹莫展，对这王冠苦苦想了好几天。后来有一天，他去浴室泡澡，刚迈进浴桶中，里面的一些水就溢了出来。这样的情景给了阿基米德很大灵感，他稍一思索，终于找到了鉴定王冠的方法。

他先准备好一个容器，并在里面装满了水。然后拿出一块金子和同样重量的一块银子，并将它们分别放入水中。结果发现，与金块相比，银块排出的水更多。于是，他又拿出一块和王冠同样重的金块放入水中，并将排出的水量计算出来。然后，又把王冠放入水中，将排出的水量和之前的进行对比，发现王冠排出的水量明显更多。由此可见，这顶王冠并非由纯金打造，里面果然掺杂了银子。阿基米德将此消息告知国王，狡猾的工匠得到了应有的处罚。而且因为这个发现，在进一步的研究下，诞生了阿基米德定律。这一定律是现今流体力学最重要的基石。

思考是一种力量，虽然这种力量无声无息，却能推动着你勇敢前行。19世纪著名的美国诗人洛威尔曾说过：“真知灼见，首先来自多思善疑。”我国古语有云：“行成于思毁于随。”思考是推动我们前行的力量，要想取得成功，离不开积极主动的思考。

02 >> 如果你的天赋撑不起梦想

向外依赖，不如向内自强

在一次访谈中，齐秦对记者说，从小他妈妈就告诉他和姐姐，做人要坚持“手心向下”，千万不能“手心向上”。“手心向下”是指要自食其力，靠自己成功。“手心朝上”是指乞讨，总是依赖他人的施舍。

古往今来，成大事者无不是“手心向下”的人。这些人身上往往具有很多优秀品质，例如勇敢、乐观、勤奋、忠诚等，当然，独立也是其中之一。虽然为了成功，他们也会借助别人的力量，但大多数时候他们依靠的都是自己，因为他们深知适当的借助会加快成功的脚步，但过分的依赖只会让他们丧失自我，走向失败。

1993 年的世界“爱鸟日”，芬兰维多利亚国家公园放飞了一只秃鹫，在之前的 5 年里，这只秃鹫一直生活在笼子里。然而，让人想不到的是，3 天后，在公园附近的小山上，人们发现了这只秃鹫的尸体。

经过动物学家的分析，这只秃鹫死于饥饿，看来它之前太依赖于工作人员的喂养，已经不会自己捕食，所以最后才会饿死。秃鹫原本是一种非常凶猛的鸟，但长期的依赖别人，还是让它丧失了自己的战斗力。

这个道理同样适用于我们，如果一味地依赖于他人，我们就会丧失自我的独立。即便头脑再怎么聪明，天赋再如何好，最后也会因为依赖而一事无成。

曾经有这样一位“神童”，4 岁时，他基本学完了初中阶段的课程，年仅 8 岁就进入重点中学读书。从这时开始，这位“神童”被当地媒体发现，被大家称为“天才少年”。

13 岁时，他以高分考入某大学物理系，是当地年纪最小的大学生。

17 岁时，他再次续写传奇，以高分考取中国科学院某研究所，成为硕博连读研究生。

然而，3 年后，他却被学校劝退了，此时，他连硕士学位都没有拿到。他被劝退的原因很简单，并不是因为他的成绩不好，而是因为读研究生时脱离了母亲的照顾，学校生活根本无法自理，也无法适应群体环境。

从 8 岁上中学开始，他的母亲就开始了陪读生活。家里无论何事，母亲都不许他插手。每天早上，母亲亲自给儿子穿衣洗脸，就连牙膏都是她挤好了递给儿子。甚至在上高中时，母亲还亲自给儿子喂饭，只为了让他在吃饭时不耽误看书。这种陪读生活一直持续到他大学毕业。

可是，他成为中国科学院研究所的硕博连读研究生后，脱离了母亲照顾，根本无法对自己的学习和生活进行安排，不会打扫房间，脏衣服和袜子扔得到处都是，天气变冷时，甚至不知道添加衣服。

他经常一个人待在寝室看书，根本不知道要去参加考试。前几次，学校为他安排了补考，他的成绩都不错。可没想到，他后来竟连最重要的撰写毕业论文都忘了参加。所以最后，学校不得不惋惜地给了他一张劝退通知书。

这位“神童”的天赋这么好，但就是因为太过依赖母亲，最后竟落得个如此下场，真是让人惋惜。

如果一个人总是依赖他人，在遇到问题时，他就会总是希望获得别人的帮助，而不是自己想办法解决。如果一个人总是依赖他人，在需要做选择时，就会优柔寡断，习惯去听从他人的意见。如果总依赖他人，在遇到强者时，就会习惯性地去依附，丧失自己的主张。

其实，依赖性是每个人都有的，只不过强弱程度不同罢了。一个依赖性强的人就犹如在依赖拐杖走路，当拐杖离开后，往往会摔得很重。所以，与其依赖他人，不如依靠自己。

有一次，一个少了一条胳膊的乞丐来到一户人家，他敲开那家的门，请求家里的女主人给他一些钱。

然而，这位女主人并没有立即答应他的请求，而是将他带到门口的一堆砖头前，让他将这些砖头搬到屋后面去。乞丐听见这样的要求有些气愤，心里想：“不愿意给钱就不给，何苦这么故意刁难我。”

女主人看出了乞丐的想法，她快步走到砖头前，用一只手将几块砖头快速地搬到了屋后，然后对乞丐说道：“你看，一只手不一样能干吗？”乞丐无言以对，只好默默地搬起砖头来。

10 分钟、20 分钟、半个小时、1 个小时……时间就这样一分一秒地过去了，3 个小时后，那些砖头总算搬完了。乞丐靠着大门不停地喘着粗气，这时，女主人递给他一条毛巾，示意他擦擦自己。他拿着毛巾刚擦了几下，毛巾就变成黑色的了。然后，女主人又给了他50元钱，他颤抖着双手接了过来，嘴里说着：“谢谢。”

然而，女主人只是淡淡一笑，对他说：“没什么，这是你靠自己挣来的，根本不用谢我。”听见这话，乞丐的心里十分感慨，拿着50元钱流下泪来。

从那以后，乞丐再也没有乞讨过，他知道靠谁都不如靠自己。他觉得哪怕去捡破烂，也比伸手向别人要东西光彩。于是，他真的从捡破烂干起，一干就是10年。

最开始时，他是自己捡自己卖，虽然挣得少，勉强够吃饭。后来，他开始收别人没用的东西来卖，坚持几年，有了点儿小积蓄，开了个废品收购站。再后来，他的收购站越干越大，他开始往废物利用上发展。最后，直接成立了自己的废物回收加工公司，有了自己的事业。

人生是自己的，不可能总依赖他人一时的帮助。只有通过自身的努力，我们才能创造出属于自己的成功。依赖他人只会阻碍我们迈向成功的脚步，依靠自己才会让我们变得越来越强大。

勤奋比天赋更可靠

谁不渴望成功呢，但我们不能否认，成功并不具备普遍性。一个人的成功除了依靠自己先天的禀赋外，也离不开后天的勤奋。那对成功来说，二者究竟哪个更重要一些呢？

我们必须承认，这个世界上确实有些人天赋极高，但毕竟只是极少数，我们并不能确定自己就是其中之一，所以还是要把自己当成一个普通人来看待。对一个普通人来说，只有勤奋，才有取得成功的可能。

很多人都觉得梅兰芳是戏曲方面的天才，但他自己却从来不这样认为。在谈到自己的成功时，他是这样说的："我只是个笨拙的学艺者，没有充分的天才，全凭苦学。"

当他还是个少年时，拜师学艺，可是师傅看过他的面相后却坚决不肯收他为徒。因为师傅说光看梅兰芳的眼睛就知道他不适合学戏，他的双眼太呆板，一点儿不灵动，简直和死鱼差不多。听到这样的评价，年少的梅兰芳不免有些沮丧。

不过当他回到家后，不但没有一蹶不振，反而更加勤奋刻苦。既然眼睛不行，那他就锻炼眼睛。他养鸽子，每天把鸽子放飞，然后双眼紧盯住鸽子的身影。他还养鱼，每当鱼儿在水里游动时，他就用双眼不断在水中寻觅它们的踪迹。就这样，通过多年的练习，梅兰芳的眼睛终于充满了灵气，一抬头一低首间，那双眼睛就如一泓清泉，闪烁着灵动的光辉。

梅兰芳在戏曲的舞台上奋斗了 50 余年，不仅发展和提高了京剧旦角的演唱和表演艺术，还形成一个具有独特风格的艺术流派，世称"梅派"。他之所以能取得如此伟大的成绩，和他的刻苦勤奋有很大关系。我们的天赋也许并不突出，但如果我们也能用勤奋去弥补，想要获得成功也不是不可能。

相反，就算我们具有非凡的天赋，但仗着这点就不愿努力，最后很可能不过是将这份天赋白白浪费掉。

在NBA历史上有个颇受争议的人物，这个人就是特雷西·麦格雷迪。

之所以这样说是因为，一方面他被认为是天赋最接近乔丹的人，甚至曾一度被视为可以超越乔丹的球员。另一方面是他在训练场上的表现却非常懒散，甚至连汗都不怎么出。人们常拿科比·布莱恩特来和他做对比，因为他们都是被有着“美国高中和大学篮坛教父”之称的索尼·瓦卡罗挖掘出来的。

科比虽然在2015年时宣布退役，但他之前辉煌的战绩却有目共睹。不仅是NBA史上最年轻的30000分先生，还在2014年被加冕为历史上第一“铁打王”。2014年年末，他篮球生涯的总得分甚至超越迈克尔·乔丹，升至历史第三位。而科比之所以会取得如此荣耀的成绩正是因为他的勤奋，他每天早上4点就会起来晨练，每天投进1000个球才算结束。

至于特雷西·麦格雷迪，虽然曾被瓦卡罗称为天赋最高的球员，但后来却被大家视为悲情英雄。因为虽然10年来，他曾获得两次“得分王”的称号，但却从来没有拿过一枚冠军戒指。甚至在后来，当谈到自己一手挖掘的麦格雷迪总是失败时，瓦卡罗会非常生气地说：“这个问题没什么可说的，我挖掘出来的孩子很多，特雷西只是其中之一。虽然在我眼中，他原本是天赋最高的一个，但是他却白白糟蹋了这份天赋，并没有像其他人那么努力，我很为他惋惜。”

如果我们也像特雷西一样，仗着自己天赋高就不愿努力，最后很可能也会落得个令人惋惜的结局。英国哲学家休谟将“横溢的天赋”比作“沃土”，但他也说：“如果不努力耕耘，就算是沃土也只能产生莠草，而不是产出葡萄或橄榄来供人享用。”

能拥有一片“沃土”固然好，但是，很多时候，我们并不能确定自己是否是天才。所以，要想取得成功，我们必须不断地努力。

退一步说，就算你能确定自己是天才，努力也比不努力要好。

丁俊晖是我国第一位世界台球冠军，他从8岁开始练球，11岁单杆破百，获得世界台球冠军头衔时也不过15岁。16岁时，成为斯诺克球坛史上最年轻的中国面孔。18岁、19岁时，分别击败了“台球皇帝”亨德利和世界排名第一的奥沙利文，并在台球界破下21大纪录。

可就是这样一位天才，在受邀参加中央电视台的《开讲啦》栏目时，他演讲的题目却是《没有不努力的天才》。

他在节目中讲述了自己的经历，说当年为了成为职业台球手，他曾受过一段时期的魔鬼训练。每天天刚亮，他就得起床去球房练球。父亲就是他的监督员，他打出的每一个球都要经过父亲的检查。稍微有一点儿不对的地方，父亲就会立即纠正。除了吃饭、睡觉，他把所有时间都花在了练球上，每天都会在球房待12个小时以上。这种没日没夜的训练持续了好几年，他的整个少年时期都是在台球桌上度过的。在演讲中，他自己也说，正是那些年流下的汗水，才造就了他之后的成功。

一个人不仅天赋高，而且还勤奋，那他还有什么理由不成功呢？

总而言之，无论我们的天赋是高还是低，勤奋都比不勤奋好。如果我们勤奋，那就有可能成功。如果我们不勤奋，成功可能就永远遥不可及。

出身并不能决定你的未来

近年来，无论是在电视上还是在报纸上，我们常能看到一些“星二代、富二代、官二代”的劣迹。例如某歌唱家之子因涉嫌轮奸案被判刑，某著名演员之子因吸食毒品被行政拘留，某富豪之子驾驶豪车肇事逃逸等。

可以说，这些“二代”都是含着“金汤匙”出生的。父母不仅能为他们提供优越的生活环境，还能为他们提供强大的人脉圈。

然而，即便有如此优越的条件，“二代”们的“坑爹”之举依然屡见不鲜。当然，他们之中确实有些人取得了一定成就，但更多的却成了典型的“纨绔子弟”，整天吃喝玩乐、不务正业，甚至像之前说到的那样，因为种种劣迹被大家所熟知。

可见，一个好的出身并不意味着就肯定有个好的未来。

这个世界上绝大多数都是普通人，所谓的“二代”只占少数。可是，即便没有十分优越的成长环境，依然有很多人取得了成功。

2008年，同时拥有黑白血统的奥巴马（他的父亲是肯尼亚人，母亲是美国白人）初次当选为美国总统，他是美国历史上第一位非洲裔总统。

然而，在少年时期，奥巴马的生活十分糟糕，因为自己的多种族背景，他在社会上很难得到认同，甚至一度让他十分自卑。才十几岁，他就成了一个瘾君子，和很多没有希望的黑人青年没什么区别。那时的他十分迷茫，不但没有优越的家庭环境，就连天生的肤色，也总是被人嘲笑。他觉得前途一片昏暗，成功的道路太过曲折，连入口都找不着。

不过好在这段荒唐的日子并没有持续多久，在外祖父和外祖母的影响下，他很快就醒悟过来，开始积极地投入到学习中。

他在1988年就读于哈佛大学法学院，主修法律，并于1990年被选为《哈佛法律评论》的第一位非洲裔美国人主席。在2000年，他开始正式涉足政治，他挑战已担任了4年联邦众议员的波比·拉什，竞选联邦众议员一席。结果虽然失败了，但却为他的政治生涯正式拉开了序幕。直至2007年，通过层层努力，他宣布竞选美国总统。并在2008年11月正式打败对手，成为美国首位非洲裔总统。而且在2012年时，成功地获得连任。

我们的父母都是普通人，无法为我们提供优越的环境。在前进的过程中，我们遇到的困难可能会更多一些。但是，我们应该将这些困难视为上天对我们的考验，总有一天，我们会用自己的努力和汗水换回成功。

我们常羡慕那些出身好的人，因为他们的一个好出身甚至顶得上我们很多年的努力。可是我们必须明白，出身是不能选择的，既然我们已经注定是普通人家的孩子，一味地羡慕和抱怨根本没有任何实际意义。我们没有好出身，但却可以有乐观积极的态度，有勤奋刻苦的努力和永不放弃的坚持。只要我们能将这些优点发挥出来，要想获得成功也不是不可能。

我们不能选择出身，但却可以选择未来，你最终会拥有怎样的人生，决定权依然在你手中。

2003年有部叫《风雨哈佛路》的美国电影上映，这部电影激励了很多人。同时，作为电影主人公的原型，莉丝·默里也获得了人们更多的关注。

莉丝·默里在1980年出生于美国的贫民窟，在常人眼里，她拥有一个几乎可以称得上恐怖的家庭。爷爷具有严重的暴力倾向，父母都是瘾君子，全家依靠救济款过日子。在她的记忆中，一个月要分为两个阶段来过。前半个月因为刚领了救济款，所以食物充足，父母每天都能“吞云吐雾”。而后半月却要忍受漫长的饥饿，父母将所剩不多的钱财都花在海洛因上了。她和妹妹有时只能吃冰块，只为了找到一种“吃到食物”的感觉。她曾说最饥饿的时候，她和妹妹只能用一管牙膏当晚餐。她甚至没有机会洗澡，头上长满了虱子。在学校的一次考试中，她头上的虱子掉在了试卷上，所有同学都震惊了。从那以后，她不得不时刻躲避同学们的异样眼光。

后来再大一些，当她15岁时，她的母亲死于艾滋病，父亲进了收容所，亲戚们不愿收留她，她只得流落街头。在她偷食物的时候也会偷一些自学书籍，然后在一位朋友家的门厅里学习。

那时的她就已经意识到，如果自己因为这样的出身继续沉沦下去，最后很可能会落得个跟母亲一样的结局。于是，为了改变自己的命运，她以非凡的毅力开始刻苦学习。从17岁到19岁，仅用两年时间，她就掌握了高中四年的课程，并且每门成绩都在A以上。因此，她以全校第一的成绩获得了去哈佛大学参观的机会。正是那次机会，让她对哈佛大学一见倾心，那种浓厚的学术氛围深深地吸引着她。所以，她回去后更加刻苦，暗自发誓一定要考上这所大学。

最后，她终于如愿以偿，以全优的成绩被哈佛大学录取。在这中间，她还曾花费一段时间去照顾身患艾滋病的父亲。直到父亲去世后，她才重返校园。更值得高兴的是，她的妹妹莉莎也没有因为这样的出身自暴自弃，而是顺利地从大学毕业，并且成为了一名教师。

现在，凭借自己自强不息的故事，莉丝·默里已经成为一名美国励志演说家，被大家称为感动全美的“奇迹女孩”。

即便你的出身很低微，甚至因此屡屡遭受挫折和困境，那也不要放弃，因为出身卑微的人不一定永远卑微，出身优越的人也不一定永远优越。我们必须记住：你的出身并不能决定你的未来。

拥抱“独一无二”的你

在这个世界上，再也找不出第二个你。你是如此珍贵，又怎么能总是怀疑自己的价值呢？

美国“硬币之星”公司的创始人默巴克曾说过这样一段话：“在这世上，每个人都是独一无二的。或许你的出身很卑微，或许在某些方面，你不如别人。可是你要永远记住，没有任何人能取代你独有的位置。”

现代社会生存压力大，我们身处其中难免有些无可奈何。有时想要随心所欲地做自己，将那些规矩和闲言碎语都抛到脑后。有时想活得简单些，抛开那些名利欲望，只管自己开不开心。所以，有时我们不禁想问，这个社会真的需要像我这样的人吗？

答案当然是肯定的，这个社会是一个整体，每个人都在各自的舞台上扮演着不同的角色，犹如一颗颗螺丝钉，一起维持着这个社会正常的运转。

可是，人们总是很容易肯定别人的价值，例如夸奖某人长得漂亮，工作能力强等。但对于自身的价值却常常产生怀疑，有时甚至会因此变得十分沮丧和悲观。

美国的布里居丝女士曾发起过一个蓝丝带的运动，她把设计好的蓝丝带发给其他美国人，蓝丝带上写着“who I am makes a difference”，意思是：“我可以为这个世界上创造一些价值！”

有一位领导生性严肃谨慎，平时对待下属也是这样，所以他的人际关系一直不太好，他觉得大家可能都不喜欢他，常因为这点闷闷不乐。

可是有一天，他收到了一位女下属的蓝丝带，丝带上写道：“感谢您的严厉，让我在做事时更加认真。”得到丝带的领导非常高兴，这才惊觉原来自己的严厉也不是全无价值的。所以，从那以后，这位领导在工作上虽然依旧很严厉，但平时却开始变得温和起来。

后来，他决定把蓝丝带传递给自己的儿子，因为他平时总是十分苛刻，很少夸奖他。他在丝带上写到“我的儿子，你是我的骄傲，感谢你的存在”。收到父亲丝带的儿子大哭起来，因为他一直以为父亲并不爱他，甚至因此想过自杀。可就是这样一条丝带，却再次让他感受到了父亲的爱，肯定了自己存在的价值。

其实，就算你只是一名平凡的清洁工，也不要怀疑自己的价值，因为正是由于你们的存在，这个社会才会如此干净舒适；就算你是一名底层的流水线工人，也不要怀疑自己的价值，因为正是由于你们的存在，企业才创造出巨大的利润。就算你是个普通的农民工，也不要怀疑自己的价值，因为正是由于你们的存在，一座座高楼才拔地而起。

能够得到别人的肯定固然好，但如果没有人肯定我们，那我们也可以自己肯定自己。我们要记住，虽然小草没有花朵娇艳，但自有它独特的清香。人生一世，要想一帆风顺是不可能的。每个人都曾遭遇过挫折或困境，甚至被它们打倒，因此不免开始怀疑起自己的价值来。我是不是就是如此没用？是不是就是如此一钱不值呢？答案当然是否定的。我们应该明白，挫折和困境虽然可能让我们短暂地消沉，但并不会改变我们的价值。

有一次，马克·吐温参加一个讨论会，在说话之前，他先掏出一张20美元来。他举起美元对着在场的两百多人问道："如果我想把这20美元送给在座的某一位，你们有人要吗？"话音刚落，就有一些人举起了自己的手。

马克·吐温接着说："这20美元可以给你们，但在此之前，请允许我做一件事。"说完他把这张美元揉成一团，接着问道："如果被揉成这样，还有人要吗？"仍然有人举手。

然后，马克·吐温随手把钱又扔在了地上，并且用脚踩了踩。接着他将捡起来的美元展开，发现它已经变得又脏又破了。但他还是问道："这样呢？还有人要吗？"这次依然有人举手。

马克·吐温接着说道："朋友们，你们上了一堂十分有意义的课。这张钞票，无论我怎样摆弄它，它的价值是不会变的，它依旧是20美元。在人生路上，我们总是会被自己的决定或者是遇到的困境所击倒、欺凌甚至一蹶不振。这时，我们就会否定自己的价值。但无论在我们的周围发生了什么，或者将要发生什么，在上帝看来，你们的价值是永远不会丧失的。在他眼中，无论是肮脏还是洁净，衣着是否整齐，你们依然是无价之宝。因为，生命的价值是不会依赖我们的所作所为，也不会仰仗我们结交的人物，而取决于我们自身！永远不要忘记这一点——你们是独特的！”

这个故事的版本很多，主人公也不确定，有可能是马克·吐温，也可能是别的什么人。但不管怎么说，其中蕴含的道理是值得我们肯定的。其实，经历挫折困难的我们就犹如那张破旧的纸币，虽然上面有很多肮脏的污渍和被揉搓过的痕迹，但我们要明白，无论如何，它的价值是不会变的。永远不要怀疑自己的价值，我们要记住，你在这个世界上就是独一份儿。不管发生什么，你都是无价之宝。

地低成海，人低成才：虚心学习才能成功

印度的佛学院里，在进入教室之前，每个新生必须先通过一个小门，这个门只有 1.5 米高，0.4 米宽。绝大多数人都无法抬头挺胸地从这个门通过，他们必须低下自己的头颅，侧身通过。这是佛学院对自己学生的一种教育，意在告诉他们，人生有很多这样的小门，如果想从中通过，就必须学会放低自己的姿态。

放低姿态其实是一种智慧，因为放低了自己的姿态，我们才能向别人虚心学习。

许奇高是广东有名的写意花鸟画家，他画过一幅《喂猪图》，上面有绘画大家齐白石的题词，意思是说，他过去学画只知道向

八大山人等古人学习，却不知道许奇高更值得学习。

当时，齐白石已经是赫赫有名的画家，而许奇高不过小有名气。经由徐悲鸿推荐，许奇高拿着自己的画去征求齐白石的意见。没想到这位大名鼎鼎的画家毫无架子，对他的画大加赞赏，并亲自在其上题词。

还有一次，齐白石看到一幅很小的花卉小屏，出自同辈画家吴昌硕之手。齐白石对着画观看良久，不停地开口称赞。这种兴奋之情甚至在他回到家时还没有消退，为了记录下自己的感受，他特地写了一首诗："青藤雪个远凡胎，老缶衰年别有才，我欲九泉为走狗，三家门下转轮来。"以此来表示他对徐文长、八大山人和吴昌硕的拜服。

为了向吴昌硕等人学习，齐白石甘愿把自己比作"走狗"，这种放低姿态、虚心向他人学习的精神着实难得。后来，齐白石被徐悲鸿称为"五百年来难得有一个的大师"，这和他能够放低姿态、博采众长有很大关系。

年轻人要向齐白石先生学习，只有放低自己的姿态，虚心向他人求教，你的能力才会不断提升，你未来的发展才会更广阔。

想要放低自己的姿态，我们就不能太把自己当回事。

现代家庭孩子少，往往从落地开始就备受宠爱。这样长期的溺爱下来，难免养成万事以自我为中心的性格。有些人自认为有点儿才能，就处处不把别人放在眼里。有些人喜欢夸夸其谈，常常觉得别人不如自己。

可是，这样的行为真的能彰显你的本事吗？除了让人们看到你的浅薄无知外，再没有什么益处。

一个人太把自己当回事，往往会过高地估计自己，这样一来，当他遇到挫折时，往往也会摔得最惨。诗人鲁藜曾说过：“还是把自己当成泥土吧，老是把自己当作珍珠，就会有被埋没的痛苦。”

有一次，俄国文学之父托尔斯泰正在进行长途旅行。一天，他正在一个长途汽车站路漫步，旁边的一列客车正要开动。忽然，一位女士拉住他吩咐道：“我的提包落在候车室了，你快去帮我取回来。”说完还随手递给托尔斯泰一枚硬币来当赏钱，原来，这位女士将托尔斯泰当成车站的搬运工了。

托尔斯泰听见女士的吩咐，立即跑到候车室，将她的提包取了回来。这时，恰好有人认出了他的身份，女士这才知道原来面前的是大名鼎鼎的托尔斯泰，她连忙向面前气喘吁吁的人道歉，并要收回赏钱。然而让人没想到的是，托尔斯泰却平静地说：“你又没做什么坏事，用不着道歉。不过这枚赏钱我可不能给你，这是我自己挣来的。”

如果托尔斯泰过于把自己当回事，当那位女士将他当成搬运工时，他必定会勃然大怒。正是因为他能够放低自己的姿态，不过于把自己当回事，他才能保持自己内心的平静和泰然。

从古到今，不管你是翻手为云，覆手为雨的权贵，还是行侠仗义的英雄，世界都不可能只围着你转。对一片森林来说，一棵树是无关紧要的；对一片汪洋来说，一条溪流也是无足轻重的。对这个世界来说，即便不愿意承认，实际上你也远没有自己想象中的那么重要。

所以，无论是谁，都不能太把自己当回事。一个人如果太把自己当回事，他就永远无法正确地审视自己，很容易因为自己的狭隘在错误的道路上越走越远。

03 >> 接受现状，然后改变它

手头事要做好，不管你喜不喜欢

在现实生活中，有多少人在干着自己不喜欢的工作，很多人所从事的工作或者正在过着的生活，并不是他们想要的那个样子。

可是，难道我们因此就该敷衍了事吗？当然不行。事实上，我们最该做的是，努力改变自己的心态和工作方式，尽力从中找到乐趣。如果我们还是没办法喜欢上它，那最起码对于我们应尽的职责，我们必须保持一种认真的态度，不管我们喜不喜欢。

一位年轻人去一家知名广告公司应聘，面试官看完他的简历问道："你的专业和我们所需要的相差太大了，我不知道一个学生物制药的人来广告公司能做什么？"

年轻人答道："其实，生物制药并不是我喜欢的专业，而是当时入学时因为成绩受限，被迫选的。一直以来，我都对广告设计和策划很感兴趣，所以想来贵公司试试。"

听完年轻人的话，面试官并不想录用他。因为仅凭一句喜欢和不喜欢，并不能证明年轻人的能力，反而让面试官觉得这有可能是个做事全凭个人喜好的人。这样的人，显然不适合公司。

可是，正当面试官想要拒绝他的求职申请时，这位年轻人接着说道："虽然我不喜欢生物制药，但既然已成事实，我依然学得很认真。整个大学里，我甚至从没逃过课，无论哪一门功课，我都很认真地对待。所以在毕业后，我的成绩是全优。可即便这样，在有机会时，我还是想选择自己喜欢的广告设计，所以才会来贵公司面试。"说完将自己大学的成绩单递给了面试官，果然全部成绩都非常优秀。

看着这份成绩单，身为人力资源经理的面试官犹豫良久，最后决定录用这名年轻人。后来，当别人询问他为何做此决定时，这位面试官说："说实话，他学的专业确实和我们这行差太多了，可无论是哪方面的知识，都是可以学来的，但他那种认真的态度却不可多得。那个专业他不喜欢，尚且能学得那么好。所以我相信，当他有机会从事自己喜欢的工作时，态度肯定会更认真。"

事实证明，这位面试官果然没看错人。三年后，这位年轻人已经成为了公司的佼佼者。

一个人能否成功和他自身的品格有很大关系，如果他积极努力、对工作认真负责，就算没有得到提拔，也会得到别人的尊重。相反，如果一个人总是在工作中偷奸耍滑、拖延推诿，即便职位很高，依然无法得到别人的认可。而且，时间一长，他们会丧失自己的信誉，无形中，自己的成功之路上就多了一道阻力。

所以，在工作中，我们必须做到全心全力、尽职尽责，也就是要具备敬业精神。

敬业是每个人在工作中都应该具备的优良品质，一个人要想获得成功离不开敬业精神。

在比利时，有一出舞台剧非常著名，演的是耶稣受难的故事。

扮演耶稣的演员是辛齐格，他几十年如一日地在舞台上背负着沉重的十字架,高超的演技总是能给观众一种耶稣再生的感觉。

有一次，当他演出完后，有一对夫妻去后台找他合影。那位丈夫看到放在一旁的十字架后，突发奇想，想背着十字架为自己照张相。于是，他对妻子吩咐道：“你帮我照一张背着十字架的照片吧。”说完，他走过去想把十字架背起来。

可是，虽然他花费了很大力气，但十字架依旧纹丝不动。这时他才发现，原来这个十字架是货真价实的家伙，并不是什么轻松的道具。后来，因为力气有限，这位丈夫不得不放弃这一想法。

他转过头对辛齐格问道：“道具不应该是假的吗？为什么你要每天都扛着这么重的东西演出呢？”

辛齐格答道：“如果我感觉不到十字架的重量，我就演不好这个角色。虽然我的工作是在舞台上扮演耶稣，但这就是我的事业，我必须尊敬自己所从事的职业。”

在辛齐格眼中，他背负的不是沉重的十字架，而是自己的责任。正是这种敬业的精神，让他成为了一名伟大的演员。

如果你所从事的工作恰好是你喜欢的，做到敬业自然没那么难。可事实上，在这个世界上，没有哪份工作能做到让每个人都喜欢，也不是每个人都能幸运地从事自己喜欢的工作。所以，想要做到敬业就没那么容易了。

野田圣子是日本政坛女杰，她 27 岁时成为日本最年轻的县议员，后来在小泉首相的任期内，成为日本内阁的邮政大臣。

她上大学时，为了赚取生活费，曾应聘到著名的东京帝国酒店当服务员。这段经历让她受益匪浅。

当年少的她满怀信心来到这所高档酒店时，没想到，上司为她安排的第一份工作竟然是刷马桶，而且上司还要求每天必须把马桶刷的洁净一新。

她拿着刷子来到卫生间，面对肮脏的马桶，内心十分挣扎，甚至一度想放弃这刚刚到手的工作。可是她又不甘心，难道自己刚走上社会就要败下阵来吗？

正当她挣扎犹豫时，一位老员工走了过来，看她一直没有动手，就拿过刷子和清洁剂为她演示起来。他一遍遍刷洗着马桶，动作自然而流畅，丝毫不在意周围难闻的气味，任何角落都没有放过。因为他的专注，没过多久，整个马桶都焕然一新了。

做完这些，老员工从马桶中舀出一杯水，毫不犹豫地喝了下去。这一举动让野田圣子震惊，老员工告诉她，自己已经将马桶刷得洁净一新了，水自然也是干净的，所以喝起来也不会感到别扭。只有马桶里的水干净得能喝了，马桶才算是真正的干净如新。

老员工离开后，野田圣子陷入沉思中，她暗下决心，即使一辈子洗厕所，也要洗出成绩来。于是，她拿起刷子，毫不犹豫地跪在马桶边刷了起来。

当假期结束后，饭店的高层来检查她的工作成果，她当着众人的面，舀起马桶里的水毫不犹豫地喝了下去。这让大家十分震惊，虽然假期前来打工的人很多，所在的部门也不同，但这间厕所无疑成了最让人难忘的。

大学毕业后，因为这段工作经历，野田圣子成功地进入了帝国饭店工作，并成为这间饭店最优秀的员工。

后来，每当提起这段经历，野田圣子都感慨万分，她常说：“我是最敬业的厕所清洁工，也是最忠于职守的内阁大臣。”

其实每一份工作都是修炼自己的道场，在一名优秀员工的心中，从来不会忘记敬业。所以，在做事时，他们往往更加积极主动。

如果我们能将敬业培养成一种习惯，在工作中，就能全身心地投入，这样的员工自然更容易得到老板的青睐。

工作只是为了薪水吗？

在很多人眼中，工作就是一个等价交换的过程。我付出多少劳动，你给我多少报酬。很多人工作就是为了挣份儿薪水养家糊口，在这些人眼中，工作和他们的前途没什么关系。所以，他们对工作缺乏激情，不是偷奸耍滑就是得过且过。

不仅如此，他们还常常发出各种抱怨，例如："我干了那么多活儿，怎么才给这点儿钱？""给的钱这么少，早知道我就少干点儿了。"

然而他们不知道的是，自己得到的其实远比表面看到的多得多。所谓的薪水只是报酬的其中一种形式，它是最直接的一种体现，但也是最浅薄的。

如果你只为了薪水工作，就会忽略很多更重要的东西，例如工作中对自己能力的锻炼，工作中对自己良好习惯的养成等。这些东西都是你的报酬，但比薪水重要得多。薪水花完就没有了，可这些东西却能跟随你一辈子，助你创造更大的成功。

有一次，一位年轻的记者有机会采访被喻为"日本经营之神"的松下幸之助。年轻人很珍惜这次机会，在采访前，做了非常认真的准备。在整个采访的过程中，他与松下幸之助相谈甚欢。在采访结束后，松下先生向年轻人问道：“小伙子，你每月的薪水是多少？”年轻人答道：“我每月只有一万日元的薪水。”一副十分不好意思的表情。

松下幸之助并没有因为年轻人薪水不高就轻视他，而是接着对他说道：“虽然你现在的薪水只有一万日元，但事实上，你知道吗？你的薪水远远不止一万日元。”

松下先生的话让年轻人十分疑惑，自己薪水明明只有一万日元，为何松下先生说不止这些呢？

看出年轻人疑惑的松下先生接着说道：“小伙子，既然今天你有机会采访我，那么明天，你也有机会采访其他名人。这就证明了在采访方面，你有一定的潜力。所以，如果你能多多积累这方面的经验，这就像在银行里存钱一样，钱存进去会生利息，你的才能也会在社会里生利息，将来能连本带利地收回来的。”

松下先生的话让年轻人茅塞顿开，就算后来他做了社长，每当回忆起这段对话时，依然觉得感触颇深。他始终不忘在工作中提醒自己，与薪水相比，对才能的积累才是最重要的。

本杰明·富兰克林曾说过：“一个人只为了薪水去工作，此外更无其他较高的动机，那他是不忠实的。而受他欺骗最厉害的人正是他自己。”

有些人总是秉持着“只干分内事”“给多少钱干多少活儿”的原则。表面看来，这种人十分精明，可事实上，他们却有很大损失。

毫无疑问，我们的付出就是为了收获，但这收获并不仅仅是薪水，还包括我们自己独立思考、动手的能力。

在这个世上，很多人在付出之前必须要先看到报酬，否则就认为自己吃了“大亏”。例如，加班一定要有加班费，给多少钱就干多少活儿。然而我们却忘了，正是在这种不断地“吃亏”中，我们的能力才得到了不断地积累。同时，也正是这种“吃亏”给我们带来了好运气。

某著名企业中有位员工,看起来和大部分员工没有任何不同，平凡普通。唯一的区别是，每天早上，为了看看公司是否有什么急件需要处理，他会提前一个小时来公司。

有人说他傻，有那时间还不如在家多睡会儿。可这位员工并没有听从他的建议，依旧早早地到公司。

直到有一天，他遇到了恰巧也早到的总经理。他的所作所为被经理知晓，经理觉得他这种不计报酬的精神十分难得，这份责任心更是难能可贵。经理相信，这样的人无论放到任何位置，都能很好地完成工作。于是，这位员工很快得到了提拔。

一个人要想得到好运并不难，只要你肯付出足够多的努力。

永远不要把所有目光都盯在自己的那点儿薪水上，事实上，我们应该把工作当作一种乐趣，把公司当作一所学校。这所学校锻炼了我们的能力，丰富了我们的头脑，增加了我们的阅历，为我们提供了机会，让我们能够更有信心去迎接美好的明天。

挫折再大，仍有努力的希望

每个人的一生都会遇到一些突如其来的挫折和打击，但人生没有绝境，无论你陷入了什么样的困境，你都要告诉自己："这只是暂时的，总会过去。"

无论何时，我们都不要熄灭心中的希望。有些打击看似让人绝望，但只要你能挺过去，人生很可能会迎来另一番辉煌。

阿伦佐·莫宁是美国历史上最伟大的球员之一，他曾四次入选美国职业篮球赛全明星阵容，两度获得NBA最佳防守球员的称号。

然而，在2000赛季开始前，他却遭受了一场突如其来的打击。他被查出患有严重的肾衰竭，并且病情不断地恶化。最后迫不得已之下，2002年的整个赛季，他都没有参加。

可是，面对这突然的打击，他却并没有倒下，依旧坚持着每天练习，并在2004年接受了换肾手术。

虽然当他经历重重波折重返迈阿密热队时，只是作为一个替补队员上场，但在每场平均只有不到20分钟的上场时间，他依然创造出了全联盟第三位的好成绩。并且在2006年，获得了一枚总冠军戒指，这是他职业生涯上的第一枚。

"在我的职业生涯中，面对困境，我从不会屈服。"这话出自莫宁之口，这也是他为何经历如此打击依然能够成功的原因。

即便是面对绝境，只要我们不放弃希望，积极努力地面对，成功依然有可能降临到我们身上。只要我们拿出自己的勇气和智慧，那些打击和困难就是色彩缤纷的泡沫，只要我们轻轻一碰就会破碎掉。

"山重水复疑无路，柳暗花明又一村。"只要在困境中保持坚定的信念，不懈地斗争和努力，总会迎来新生。

如果我们没有能力和眼前的困境抗争，努力保持一种内心的淡定从容，同样不失为一种好方法。

在面对突如其来的打击和困境时，如果我们在心境上能够更高一筹，从容淡定地面对它，依然不会被它左右，也就不会深陷痛苦的泥潭。

如果我们无力改变环境，那就改变我们自己的心境。让我们的身体躺在地上，但灵魂却要飞至高空俯视它。

很喜欢王维的一句诗："行到水穷处，坐看云起时。"单看字面，就觉得一股淡定从容扑面而来。其实，当我们面对困境时，所需要的不就是这种精神吗?

一位高僧带着众位徒弟来到了一处绝壁前，然后冲着徒弟们问道："如果前有悬崖后有深渊，那你们该向何处去？"众位徒弟默然，一时间都陷入了沉思中。只有一位最小的徒弟大声答道："既然前面后面都去不得，那就往旁边走呗！"听见这话，所有徒弟都一副恍然大悟的神情。

是啊，如果前后都是绝路，那我们就往旁边走呗。何必非得"钻牛角尖"，弄得自己满头是包呢? 人生没有绝境，当前后都走不通时，不如以淡然平和的心态往旁边走一走，也许见到的又是另一幅画卷。

在面对突如其来的打击或困境时，无论我们是积极努力地去战胜它，还是以平和淡定的心境迎接它，都是一种解决问题的好方法。

只有经过风雨雷电的洗礼，麦穗才能长得饱满，我们的人生同样如此。如果总是一路顺畅，就会少了很多乐趣和风景。

谁的人生都有低谷

生活不可能永远是高歌猛进，总有那么一段时间，你会处在人生的低谷中，因为自己的家庭、事业、爱情等方面忧愁烦恼，因为面前的挫折和困境而消沉。

那我们是不是应该就此放弃努力，继续消沉下去呢？当然不是。相反，我们应该更加积极努力地拼搏，人生处在最低谷的好处是，无论朝哪个方向努力，都是向上。

小时候，每次考试完，都会有几个考得不好的同学哭鼻子。但无论成绩好坏，欧阳夏丹从来不哭。有的同学好奇地问她："你没考好，不伤心吗？"欧阳夏丹说："我也不能保证每次都考好，但只要我尽力了，那就够了。"

上初中时，欧阳夏丹的爸爸开始生病住院，给家里带来很大的经济负担。原本调皮淘气的欧阳夏丹也一下子懂事起来，开始刻苦努力地学习。直到父亲去世，家里的生活一度拮据到了极点，有时候，她这一天只有一个面包可以充饥。即便如此，她的学习成绩从来没有被人落下过。

等到上了高三，有一天，老师突然来告诉她北京广播学院正好要在桂林招生，鼓励她去报考。那年考试的考生有几千人，但最后被录取的只有她一个。在广播学院，她的文化课成绩第一名，但专业课一般。她是南方人，在语言能力上，总是要比北京的同学吃点儿亏。可是，欧阳夏丹并没有就此认命，她每天早上6点就起床，跑到学校的操场上对着白杨和核桃树练声。有的同学也会和她一起，但一般坚持不了多长时间就放弃了，可欧阳夏丹却一直坚持着。等到了大二，她的文化课依旧第一，专业课的成绩也已经十分优秀。

再后来，她成为了上海电视台当家花旦，生活发生了巨大转变。不但拥有一份让人羡慕的工作，还买了自己的房子，所有的一切看起来都十分美好。

然而就在这时，中央电视台突然向她发出了邀请，欧阳夏丹面临着两难的选择。一方面是已经小有所成的事业，以及几年辛苦积攒下的人脉。另一方面是一个新的发展机会，但却要求她一切从零开始。考虑再三，她毅然选择北上，成为了竞争激烈的中央电视台的一员。

刚到北京的那段日子,是欧阳夏丹最低落和压抑的一段日子。她住在一套40平方米没有暖气的居民房里,周围是陌生的环境,没有亲人、没有朋友，并不被人认可。而且她是南方人，北方干燥的空气让她难以适应。再加上工作压力大，她的身体频频出问题，经常要去医院打吊针。

后来,她开始主持央视经济频道早间的资讯节目《第一时间》,因为是早间节目，她不得不接受一份“非正常作息表”：凌晨五点起床，五点半到单位，七点到九点直播，九点下班，回家吃过午饭后开始补觉，两点起来通过锻炼恢复体力，晚上八九点钟准备入睡。她经常开玩笑地说：“黑夜给了我黑色的眼圈，我把它奉献给《第一时间》。”

欧阳夏丹从小到大，经历了两次低谷，一次是父亲去世时，一次是刚刚加入中央台时。然而无论哪次，她都没有放弃过努力，反而选择迎难而上，用自己的勤奋和坚持迎向更美好的明天。

孟子曰："故天将降大任于斯人也，必先苦其心志，劳其筋骨，饿其体肤，空乏其身，行拂乱其所为……"任何一个想承担大任的人，总是要先经过一番打磨。如果你不想做一个懦弱的人，就必须学会直面人生的低谷。

对李安来说，1984 年是他生活的分水岭。此前，他在学院里积极求学，并以《分界线》拿下了纽约大学"大学生电影节"的金奖和最佳导演奖，这部电影正是他的毕业作品。

然而，在离开校园后的整整 6 年里，他都无事可做，全家就靠妻子微薄的薪水度日，李安每天在家的任务就是买菜、烧饭、带孩子，顺便构思那些不知何时才会有人看一眼的剧本。

虽然这 6 年来，李安一直在扮演"家庭妇男"的角色，但这并没有磨灭掉他对电影的热情。因为对家庭的深刻认识，他反而比很多导演更深入生活。他在这段时间里仔细研究了好莱坞电影的剧本结构和制作方式，试图将中美两种文化有机地融合到胶片上。

6 年后，他完成了剧本《推手》，这部剧不仅为他赢得了一笔不菲的创作奖金，还给他带来了第一次独立执导影片的机会。1992 年，《推手》被搬上了大荧幕，这部喜剧让李安赢得了台湾金马奖最佳导演等 8 项提名。

1993 年，他又拍了《喜宴》，依旧好评如潮，获得了很多国际大奖的提名，李安也从此一跃跨入世界级知名导演的行列。1994 年，他又拍摄了《饮食男女》，他在那段低谷时期对厨艺的研究为这部电影的拍摄提供了很大帮助。

再后来，李安得以跻身好莱坞，拍摄了很多经典的，在中西方影坛引起很大反响的电影，例如《理智与情感》《卧虎藏龙》《少年派的奇幻漂流》等。

对李安来说，那6年无疑是他人生的低谷，没电影可拍，也没钱可赚。如果那时他选择了放弃，主动去找一份普通的工作维持生计，那他的电影之梦可能就永远没有开启的一天了。正是因为他选择了坚持，而且从来没有放弃对电影的研究，所以最后才能厚积薄发，创造更大的成功。

赫胥黎说："否定痛苦和困境的价值？不，聪明人从来不会这样做。事实上，你也否定不了。"

任何成大事者，必然都具备承受痛苦的能力。这些痛苦，无论是肉体的，还是因为人生的不如意而造成的精神上的痛苦，都是不可避免的。既然无可避免，与其不停地抱怨，还不如积极地去面对它。

你要相信，所有的低谷、困境都是暂时的，只要我们不放弃，总有雨过天晴的一天。而且正是因为直面过生命中的困境，我们才能更加坚定地向着目标前行；正是因为经历过生命的低潮，我们才能更加珍惜明天的成功。

挫折是可以化为动力的

在我们追寻梦想的路上，困难和挫折是不可避免的。当我们面对这些挫折和困难时该如何做呢？是被它打倒，从此一蹶不振？还是积极乐观，将它踩在脚下，继续前行？聪明的人永远选择后者。因为他们明白，正是在这种挫折和困难中，他们得到了更强大的力量，让自己变得更加勇敢和乐观。

如果你被困难绊倒了，那就勇敢地爬起来，并将它踩在脚下，这样你就会离自己的目标越来越近。

一头驴不小心掉入一口枯井，为了引起主人的注意，让自己获救，它不停地发出喊叫声。

没过多久，听到叫声的主人果然来到了井边，当他看到井下的驴子时，赶紧召唤来周围的邻居帮忙。大家围在一起，你一言我一语地商讨如何救出驴子，但始终没有想到好办法。

最后有个人说："这头驴已经这么老了，就算救上来也干不了什么活儿了，咱也别费那劲儿了，直接往井里填土，了结了它的生命吧。"

这个人的建议得到了大家的附和，驴子主人也觉得有理。于是，大家纷纷拿起铲子，开始向井里填土。

当第一铲泥土落到驴子身上时，它的叫声更加凄惨了，显然，他已经明白了主人的意思。可让人没想到的是，当第二铲落下时，驴子却安静了。

此后，人们发现，每当有土落在驴子背上时，驴子都会努力使劲儿抖动，将那些土从背上抖落，并且用蹄子将那些土踩实，把自己垫高一点儿。

就这样，人们不断往井里填土，驴子就不断抖落那些土踩实，随着脚下的土越来越多，驴子离井口越来越近。最后，在众人惊奇的目光中，它终于到达了井口，成功地得救了。

我们在生活和工作中遇到的那些挫折，就相当于这一铲一铲的土，虽然它的本意是打击、埋葬我们，但只要我们能勇敢地抖落它，将它踩在脚下，它就会成为我们迈向成功的阶梯。

司马迁在《报任安书》中曾写道："盖文王拘而演《周易》；仲尼厄作《春秋》；屈原放逐，乃赋《离骚》；左丘失明，厥有《国语》；孙子膑脚，《兵法》修列；不韦迁蜀，世传《吕览》；韩非囚秦，《说难》《孤愤》……"这些古人无一例外，都是在遭遇了巨大的挫折后，奋发图强，从而成就一番伟业的。

在我们的生活中，挫折就好像流感一样，谁都有可能会遇上。当轮到我们时，首先不能害怕，应该积极地去面对；然后，要保持镇定，以妥善的方法打败它；最后，还要将这些挫折化为动力，让其积极地推动自己前行。

台湾作家林清玄曾写过一个故事，叫《如果麦子没有考验》，让人感触颇深：

有一天，上帝心血来潮，来到自己所创造的土地上散步，当他看到农田里硕果累累的麦子时，心里十分高兴。他原本以为农夫不会认出他来，因为世界上的人已经很长时间都没有见过他了。不曾想，他就这样轻易地被农夫认出来了。于是，农夫上前对上帝说："仁慈的上帝呀！您终于来了。您不知道，这五十年来，我从来都没有停止对您的祈祷，企盼着你的降临，今天您终于来了。"

上帝说："这五十年来，你都在祈祷些什么呢？"

"我不停地祈求风调雨顺，今年不要出现大风雨、雪、地震、干旱、冰雹、虫害，但是任凭我怎样祈祷，总不能管用！"农夫说。

上帝说："这些都是我创造出来的，我不可能创造出只如人愿的世界啊！”

农夫跪在地上，吻上帝的脚：“我的主啊！您能不能答应我一次请求，我只需要一年的时间，不要有任何灾难，别人的田地我管不着，只给我一年的时间？”

上帝说：“那好吧！明年我就让你如愿。”

到了第二年，果然在农夫的田地结出很多麦穗，由于没有任何自然的灾害，麦穗比往年多了一倍，农夫不禁暗自窃喜，只盼望丰收的日子。

好不容易等到了收成的日子，农夫却发现自己田里的麦穗，竟然没有结出一粒麦子。

于是，农夫找到了上帝，问：“仁慈的上帝啊，这是为什么呢？是不是有什么地方搞错了？”

上帝回答说：“不是我搞错了，因为这些麦子避开了所有的考验，所以它变成了这样。原本它应该是努力奋斗，那些自然的灾难对于它来说是必要的，因为那些自然灾难可以唤醒麦子的内在灵魂；人和麦子也是一样的道理，如果没有任何考验，人也只是一个空壳而已。”

其实，我们和那些麦穗没什么区别，生活中的那些挫折和困难就是上帝对我们的考验。正是这些考验让我们拥有了更强大的灵魂，让我们能在成功路上走得更稳，走得更长远。

人生路漫漫，要想一帆风顺是不可能的，苦难和挫折随时都有可能会出现在你的身边，犹如影子。人的一生犹如在海上行船，风平浪静的时候固然有，但也有很多时候会遇到惊涛骇浪。对弱者来说，这是无法跨越的绝境。但对强者来说，这正是他们搏击长空的最好机会。

如果安于现状，那你这辈子也就这样了

年少时，我们心里总是有各种各样的愿望。期望自己有一天能入读名校，期望自己毕业后能进入一家大公司上班，期望自己有一天能成为像比尔·盖茨那样有钱的人……然而，随着时间的流逝，我们渐渐长大，这些年少时的愿望似乎成了一个笑话。我们开始屈从于现实，只想着怎么尽快完成眼下的工作。这种得过且过的态度让我们不思进取、每天数着指头混日子。

以前我们想考入名校，现在却认为只要每次考试能保证不挂科就很好了；以前我们想去大公司上班，现在却认为毕业后只要不失业就不错了；以前我们想成为像比尔·盖茨那样的有钱人，现在却认为只要够吃够喝，还能有点儿零花钱就可以了。正是这种安于现状的态度，让我们丧失了进取心，同时也失去了追求成功的动力。

现在社会竞争如此激烈，这种安于现状的人往往会成为最先被淘汰的那批。不管你曾经多么优秀，为公司做过多少贡献，一旦你开始安于现状，就意味着你开始变得懒散懈怠。在做事时，不再追求做得更好，而是把它当作不得不完成的任务。与此同时，你还会对危机视而不见，整日得过且过。

王燕就职于一家著名的大公司，曾经也算是员工中的佼佼者，因为她既勤快又能干。无论是对公司的产品，还是对客户的信息，

都能做到了如指掌。所以没过几年，就从销售助理升为了销售部经理。

坐上经理的位置后，她的生活得到了大幅度提高。以前她只能租廉价的公寓，现在却可以住在公司提供的高级住宅中。以前她每天上下班都要去挤地铁，现在却可以开着公司给她配备的专车。以前她的薪水交完房租也就刚够吃饭，现在却有多余钱来买奢侈品。而且更重要的是，这些都是通过自己的努力赚来的，所以她享受得心安理得。

渐渐地，她越来越享受这种生活，觉得最美好的人生也不过如此。于是，她再没有了当初工作时的那份热情，开始经常迟到早退，把该做的工作全部交给助手去处理。

朋友也曾劝过她，如果总这样，工作怕是要耽搁了。可是她却说："没事，回头吩咐下助手就行了。我又不指望能当上总裁，有今天的成绩就不错了。"就这样，在王燕担任销售部经理的两年中，不但一点儿突出的业绩都没有，甚至公司的销售业绩还有下滑的趋势，以前的老客户也有所流失。

可就算这样，王燕依然没有一点儿危机意识，她觉得自己曾经那么优秀，公司肯定不舍得开除自己。然而让她没想到的是，有一天，当她再次迈着懒洋洋地脚步走向自己的办公室时，迎接她的却是一封由总裁签署人事下发的辞退通知。

因为安于现状，王燕忽视了身边的危机，只知道沉迷在自己的小日子里。当她不再追求做得更好时，也就等于她无法再为公司创造更高的利益，她的重要性自然会下滑。当有一天，她的不再进取开始给公司带来损失时，公司自然会辞退她。相反，如果一个人永远不安于现状，努力将所有事做到更好，就算他现在没什么成就，但机会总有降临到他头上的一天。

一个不安于现状的人往往具有强烈的进取心，他们有改变现状的勇气。无论是对未来，还是对自己的前途，他们都充满希望，愿意竭尽全力地去追求更高的目标。无论是对工作，还是对生活，他们都充满热忱，愿意投入百分之百的激情去追求成功。

2016 年 2 月 25 日，《2016 胡润全球富豪榜》发布，王健林重回中国首富的宝座。与此同时，他还超过李嘉诚，首次成为全球华人首富。

王健林的原名叫“王建林”，因为他父辈的事业就是建设林业。王建林最初的管理生涯应该始于他童年时“孩子王”和“长兄”的身份。他少年时的朋友陈志阶曾这样评论过他，说他是“匪头子”。在四川话中，这句话的意思是说他不喜欢墨守成规，是所有孩子中最不安分的一个。

因为父亲是林业工人，所以，中学毕业后，他也进入营林处成了一名工人，每天的工作就是栽树挖坑以及烧炭。不过王建林很快就厌倦了这样的生活，所以刚工作了 1 年，他就决定去当兵。对于他的这一决定，母亲秦嘉兰非常支持。于是，没过多久，他就离开家乡进入了军队，并将名字改成“王健林”。

在军队中，王健林一边像海绵一样吸收那些组织规则的优点，一边不断地对一些陈旧的老规则发起挑战。当兵 8 年后，晋升为排长的王健林有幸进入大连陆军学院学习。在那里，他对教材上固有的一些理论提出了质疑，这在之前是从来没有人做过的。更让人没想到的是，当第二年教材改版时，他的建议被军事课教士张昌军写进了教材中，这版教材直到 2004 年陆军学院解体时还在用。

从大连陆军学院毕业时，王健林的成绩十分优秀，所以被留在了学院大队当参谋。不过虽然工作十分稳定，但王健林又开始鼓捣起文章和诗歌来。甚至没过多久，就因为文笔好被调到了学院宣传处当干事。后来，因为负责党政干部专修班的经历，王健林开始从一个普通军队干部转型为市场化人才。他开始经常去外面与各类人接触，并且随着自己职位的提升，他的人脉圈子越来越大。

后来，王健林走出了军队大门，开始积极地投身于市场经济中。万达集团成立之初，也遭遇过很多挫折，犯过很多错误，但王健林总能从中吸取教训。万达的前身是西岗区政府下属的西岗区房屋开发公司，这个公司成立没多久，负债就达到好几百万。迫于无奈之下，政府只好表态：谁能还清贷款，这个公司就给谁了。

最后，王健林毅然接手，并且利用自己的人脉资源筹措资金。然而在最开始时，因为不懂商业地产一些约定俗成的规则，万达售出的商铺引起了很多业主的不满。因为万达在卖完铺面后，并没有帮他们招商引资。结果导致万达广场开业时，上百个商铺有一半都没找到买家。后来，王健林主动在几十个董事会成员的面前承认自己的错误，并且积极组织部门帮业主招商引资。

此时的王健林在商业上已经取得了一定成绩，但没过多久，他又开始在自己喜爱的足球领域运作。不过中间因为各种原因，一方面要面对政府的强硬干预，另一方面又要面对足坛的“假赌黑”。所以最后，王健林在足球声望顶点时毅然选择了退出。

可以说，王健林之所以能成为中国首富，和他这种不安于现状的性格有很大关系。试想一下，如果他安于现状，很可能就只是个普通的林业工人，或者一辈子都留在学院大队当参谋。不仅是王健林，在其他一些商业大腕的性格中，你也能发现这种不安分的因子。

例如潘石屹，他在 1984 年毕业于中国石油管道学院，毕业后直接被分配到河北廊坊石油部管道局经济改革研究室任职。可是他只干了 3 年就辞职了，然后跑到深圳、海南和北京去搞什么房地产开发。1991 年时，他和别人合伙一起成立了万通公司，并且为了炒房地产，高息借贷了 1000 多万元。要知道这种魄力可不是谁都能有的，因为一不小心，不但倾家荡产，还可能背上巨额债务。但潘石屹却有这个胆量，事实证明他的眼光确实没错，仅半年时间，这些钱在海南第二波经济浪潮中就翻了一番。后来他又跑到北京发展，与合伙人一起创立了北京万通有限责任公司。1995 年时，他还和妻子张欣一起创立 SOHO 中国有限公司。现在，这家公司已经成为北京最大的房地产发展商。

还有马云，曾经是杭州市优秀青年教师，后来却毅然放弃稳定的工作，投身到创业的浪潮中，最后成功地创立了阿里巴巴。

从这些商业大腕的身上我们可以发现，人只有不满足于自己的现状，才会有前进的动力。只有拥有一颗不安于现状的心，才能一步步地成长。永远不要认为自己做得已经够好了，一旦你不再追求“更好”，你的人生就会止步于此。永远不要安于现状，每一天都应该充满各种可能性，这才是生活。 就像香港作家黄碧云说的：“如果有一天，我们淹没在茫茫人海中，庸碌一生，那一定是因为我们没有努力活得丰富。”

04 >> 躺着抱怨，不如站起来做事

抱怨解决不了任何问题

在我们身边，时常听见这样的声音：“怎么什么事都让我干？”“我干这么多活儿，怎么才发这么点儿工资”“工作没完成，凭什么说我一个人？”……因为一些事，很多人都会发出这样或那样的抱怨，并且将自己倒霉的经历大肆描绘一番，仿佛这个世界上就再找不到比他更不幸的人了。

在工作中，我们抱怨领导、抱怨同事；在生活中，我们抱怨家人、抱怨亲朋；在学习中，我们抱怨学校、抱怨老师……可以说，只要这个地方有人，抱怨就不会停止。然而事实上，只靠这些抱怨，我们无法解决任何问题。

如果我们只知道抱怨，不知不觉中，大把的时间就被浪费了；如果我们只知道抱怨，心态就会变得消极，工作时也不会有动力；如果我们只知道抱怨，很容易给自己的老板留下坏印象，毕竟老板花钱雇人来，并不是为了听你冲他发牢骚的。

更何况，无论我们说多少抱怨的话，都不可能改变现状。如果你嫌弃自己的工作重，无论你发出多少抱怨，沉重的工作依然摆在那里，不会有一丝减少；如果你嫌弃自己的工资少，无论你发出多少抱怨，工资依然不会有所增长；如果你觉得自己得不到

老板重视，无论你发出多少抱怨，老板依然不会看重你，反而可能因为你总是抱怨、无法积极地工作而开除你。

所以，与其把时间都花费在抱怨上，不如用它来努力，当我们通过自己的努力做出成绩时，好运自然会来。

薛宁在一家公司干了一年多了，对公司的不满越来越多，每天下班都会向母亲抱怨，说她在公司怎样不受领导重视，她的工作那么辛苦，但拿的薪水却少得可怜。终于有一天，她对母亲说，她打算换个工作，不再给这家公司卖命了，反正也没人把她当回事。

听了她的话，母亲说道："我当然赞成你跳槽，这么差的公司一定要给它点儿颜色瞧瞧。不过我觉得，现在还不是你离开的最好时机。如果你现在走，这家公司的损失并不大，你应该趁着在公司的机会，努力为自己多拉一些客户。当你成为公司独当一面的人物时，你再带着这些顾客离开，这家公司肯定会蒙受非常大的损失。"

薛宁觉得母亲说得有理，于是，回到公司后，她收起了自己的抱怨，开始努力地工作起来。半年后，果然拥有了很多忠实的客户。

这时，母亲对她说："如果你想跳槽，现在就是最好的时机了。"

但薛宁却笑着说："我不打算跳槽了，这半年多来，我一直努力工作，老板对我的态度越来越好，他下个月打算升我做他的助理，我暂时不打算离开了。"

如果我们想要改变自己的现状，最该做的就是闭紧自己的嘴巴，把所有的精力都投入到工作中去。

当你开始积极努力地工作就会发现，原本沉重的工作并没有那么难完成；当你开始积极努力地工作就会发现，随着工作做得越来越多，自己的能力越来越大，挣钱也变得越来越容易；当你开始积极努力地工作就会发现，老板对你的态度变得越来越好，对你的能力越来越认可，交给你的任务也越来越重要。

1981 年 4 月，通用电气迎来了历史上最年轻的董事长和 CEO——年仅 45 岁的杰克·韦尔奇。在入主通用电气的 20 年时间里，在他的带领下，通用电气从全美上市公司盈利能力排名第十位提升到第一位。

1960 年，韦尔奇从伊利诺伊大学获得化工博士学位，在很多可供选择的公司中，他选择了通用电气公司作为自己的第一份工作。

进入公司后，他的第一项工作是找到一种制造 PPO（一种用于化工的新材料）的示范基地，并将工厂建在那里。为了完成这个任务，韦尔奇花费了很多心血和精力，最后工厂总算顺利建成了。公司对韦尔奇的评价很高，他的工资也涨了 1000 美元。

工资得到提升，韦尔奇自然高兴，不过没过多久，他就发现原来不是只有他一个人涨工资，参与项目的四个人，无论表现得好坏，都得到了同样的加薪。

这一发现让韦尔奇大失所望，他觉得自己有无数的理由可以拿更高的薪水。但当他找到自己的上司抱怨自己的不满时，上司却说这是公司预先确定好的工资浮动标准。这一刻，韦尔奇觉得公司的官僚主义太严重，体制太僵化了，和他以前的想象完全不同。

从那以后，韦尔奇对工作的热情烟消云散，他越来越萎靡，整天满腹抱怨，无心工作。到了后来，甚至有了辞职的打算。

不久之后，韦尔奇的情况被部门负责人鲁本·古托夫知道，他决定找韦尔奇谈谈。一天晚上，他邀请韦尔奇夫妇共进晚餐，在餐桌上，古托夫表达了自己的观点，他说，对于公司的官僚主义，他同样十分不满，但如果韦尔奇因此就满腹抱怨、无心工作，那无疑会埋没了自己的才华。相反，如果韦尔奇能利用通用的平台努力工作，大展拳脚，他相信有一天，这种情况会因韦尔奇得到改善。

古托夫的话让韦尔奇十分触动，从那以后，他收起自己的抱怨，开始将自己的全部精力重新投入到工作中。1968 年，进入公司已经 8 年的韦尔奇得到了提升，成为主管年产值 2600 万美元的塑料业务部总经理。

再后来，当他通过自己的努力成为通用电气最年轻的董事长后，开始对公司严重的官僚主义和冗员的情况进行改革。他先针对内部管理体制进行了改革，对管理层次和管理人员进行裁减，将繁杂无用的企业全部砍掉，将 350 个经营单位裁减合并成 13 个主要业务部门。

古托夫的话让韦尔奇明白了一个道理，那就是抱怨永远改变不了现状，要想展示自己的才华、体现自己的价值，最好的方法就是努力去做。

你真的那么值钱吗？

在我们的身边，经常能听见一些人对自己的工作发出抱怨。有时他们抱怨自己的工资低，有时他们抱怨同事不配合自己，有时他们又抱怨自己的工作环境差……

其实，这些抱怨除了让我们变得消极外，并没有什么用。而且如果总是抱怨，很容易形成一种恶性循环：越抱怨越消极，越消极越不愿意干，越不愿意干越没成绩，越没成绩越得不到提升，越得不到提升越抱怨。到最后，其实真正受伤的还是你自己。

所以，当你想抱怨工资低时，不妨先问问自己，你的真正价值是多少？如果你总是看着别人的高工资，当然会对自己的工资不满。既然不满，难免就会生出很多抱怨。

可是，如果你肯把目光移到自己的业绩上，那你就会对自己的工资有一个标准，并因此对自己的工作充满热情。当你对工作充满热情时，你自身的潜能自然就会被开发出来。你的才干也会得到充分地发挥，你的个人价值也会得以实现。

现代企业的工资通常与员工的业绩成正比，你业绩高，自然会得到高工资；你业绩低，工资自然也就不多。其实这种方法很公平，如果你业绩低，就说明你没有为公司创造效益，那你又凭什么想得到高工资呢？所以，如果我们想提高自己的工资水平，最好的方法不是去抱怨，而是努力提高自己的业绩。

当你想抱怨同事不配合时，不妨先问问自己，我的要求合理吗？我这样做对吗？

如果你这样做了就会意识到，其实，当你身处一个工作团队时，最该做的不是要求别人配合你，而是主动去配合别人。因为你是无法改变他人的，你能改变的只有自己。即使这位同事不喜欢你，你也应该学会调整好自己的心态。当你能积极主动地去配合别人，别人自然会回应你。

当你想抱怨自己的工作环境差时，不妨告诉自己，抱怨没有用，只要我积极努力，一定能够战胜它。

有一家大型连锁超市，全国有很多分店，但毕竟是服务行业，所以除了高层的管理人员外，普遍学历没有那么高。

后来，企业为了扩充管理层，打算从某名校招收一批大学生。其中一个年轻人学历最高，是位经济管理的博士。大家纷纷猜测，这位博士恐怕会最受重视吧，估计一进公司就能混个主管干干。

可出人意料的是，其他几位大学生虽然没有获得多高的职位，但却都留在了总公司。只有这位博士，一进公司就被下放到了门店去，在一个客流量最大的门店当一名普普通通的员工。

博士认为这是公司对他的考验，所以并没有提出异议。可是，在超市工作的辛苦远远超过了他的预期。

去过超市的人应该都知道，每到早晚高峰，客流量很大时，超市里的员工基本上忙得脚不沾地。又得上货，又得整理牌面，还得帮顾客找这个找那个。所以最开始的一个月，这位博士过得十分辛苦，甚至一度想要放弃。毕竟怎么说他也是个博士，虽然这家公司在国际上都很有实力，但现在这种工作环境显然是他无法接受的。

当他回到家后，开始向自己的母亲诉苦，说自己平时的工作有多么辛苦，说他堂堂一个博士生，现在却在超市里扛大米，说他原本以为这是公司的考验，但他显然想错了，其实公司根本就不识人，他高看那些领导者了。

然而，母亲却对他说："你为什么不再坚持坚持呢？你从小就一直在读书，虽然现在学历够高，但你学的那些东西毕竟都是理论。如果你以后想做一个管理人才，现在连一家门店的运行方式都搞不明白，你以后又怎么管理呢？再说你现在在这儿抱怨个不停，有什么用呢？还不如趁此机会好好学习学习，理论和实践都很充足，还怕以后找不到好工作吗？"

母亲的话让他恍然大悟，对他来说，现在不正是一个大好机会吗？可以将整个超市的管理、运行摸清楚，如果以后他想从事管理工作，这份经验无疑是个巨大的帮助。

于是，从那天开始，这位博士越发地勤劳肯干，什么脏活儿、累活儿都不推脱。就这样，一年时间，他在超市所有部门都干了个遍，终于彻底地了解了一个超市是怎样运行的。

这时，总公司的大领导下来视察，直接找到了他，询问他现在工作的情况如何？这位博士就将自己这一年来观察到的问题都说了出来，并且列出了几点改进方案。这位领导十分满意，对他说："我原本以为你会因为受不了这种环境直接辞职呢，但没想到你比我预期的表现还要好。一年时间也差不多了，现在你可以回总公司去报到，要知道璞玉只有经过打磨才能成器。"

就这样，这位博士回到总公司，直接被提拔为整个华北地区的副总经理。大领导还告诉他，虽然他现在资历尚浅，担任这个职位有些勉强，但就冲他这一年积极肯干的精神，他相信用不了多久，他就能彻底胜任这个职位。

当我们对自己的工作环境不满意时，最好的办法就是像这位博士一样，积极努力地去战胜它。一味地抱怨没有任何用，只有积极努力地战胜它，你才能有所收获，不仅能够锻炼自己的能力，而且能够获得宝贵的经验。

艾森豪威尔年轻的时候，有一次吃完晚饭，他和家人一起玩儿纸牌。连着好几把，他抓的牌都很差，这让他非常不高兴，开始大声抱怨自己倒霉。

这时，他母亲放下手里的牌，认真地对他说道："不管你抓到什么牌，如果你想玩儿，你就必须把手里的牌玩儿下去。"母亲的话让艾森豪威尔愣住了，母亲接着说道，"人生也是如此，发牌的是上帝，无论什么样的牌你都必须拿着，你唯一能做的就是尽自己的全力，求得最好的结果。"

即使过了很多年，艾森豪威尔始终没有忘记母亲的话，他再也没有对生活发出过任何抱怨。相反，无论遇到什么事，他始终都保持着积极的态度，竭尽全力地做好每件事。所以，这位从平民家庭走出来的孩子最后才能一跃成为美国历史上第 34 任总统。

无论是我们的工作还是生活，总是会有一些不如意，这是不可避免的，也不是我们能控制的。这就好像艾森豪威尔的母亲说的那样，无论上帝发给我们什么样的牌，我们都必须接着。但如果你因此就陷入抱怨中，除了让自己消极颓败外，并没有任何益处。所以，我们不如闭紧自己的嘴巴，努力睁大眼睛，竭尽全力为眼前的牌求得一个最好的结果。

动嘴一年，不如动手一天

为了离家近一些，王丽刚从一家公司跳槽到另一家公司。可是刚来新公司没多久，她就发现这个公司存在很多问题，例如考勤制度不合理，绩效考核制度不严密等。总之，与之前那家公司比，新公司是各种不好。

于是，王丽不禁向同事们抱怨，说新公司存在如何多的问题，以前的公司是如何好。时间一长，这话不免传到了总经理的耳朵中。终于有一天，总经理将王丽叫到了办公室，向她问道："听说你认为公司存在很多问题？"

王丽心里有些后悔，心想这次工作怕是保不住了。但还是老实地给了肯定的回答，并将公司的各种问题都列举了出来。

总经理低头沉思良久，然后说道："你来公司才两个月，竟然能发现这么多问题，说明你的观察很敏锐。可是，这些问题毕竟不是用嘴就能解决的，每个人都希望公司越来越好，但你只在那儿抱怨是没用的。所以，既然发现了问题，那就一个个去解决它。你说公司的绩效考核不严密，那你就给我重新制订一个考核方案，一周后交给我，能做到吗？"

王丽用力地点了点头。回到办公室的王丽立即开始着手，对公司各个部门的情况做了深入了解，并在人力资源主管和财务主管的帮助下，仅用了四天时间就制订出了一个非常合理的方案，让总经理十分满意。

总经理拿着方案对王丽说："你看，积极主动地去解决问题总比一味地抱怨有用吧？"王丽再次用力点了点头。

这世上没有完美的工作，也没有完美的企业。无论什么公司，总会有这样或那样的问题，如果我们只是一味地抱怨，这些问题并不会得到改善。所以，不如闭上自己的嘴，将所有精力投入到寻找解决问题的办法上去。

没有哪个老板会欣赏满嘴抱怨的员工，他们更愿意看到的是问题的解决。

"二战"时期著名的将领巴顿将军在自己的回忆录《我所知道的"二战"》中说了这样一件事：

每当巴顿将军想提拔军官，他会把所有符合条件的人聚集在一起。然后分配给他们一个任务，让他们在仓库后面挖一条 8 英尺长、3 英尺宽、0.5 英尺深的战壕。

任务颁布下去后，巴顿将军就跑到仓库里，透过窗户观察他们的表现。有几个人把锹和镐扔到仓库后面的空地上，开始讨论巴顿将军让他们这么做的用意。有的人说："这战壕太浅了，只有 0.5 英尺，当火炮掩体都不够。"有的人说："这种体力活儿不该让我们军官来干，应该是那些普通士兵负责。"还有人说："将军是不是故意在耍我们，哪儿有军官干这种活儿的，我看他就是故意难为我们。"大家在那儿议论纷纷，越说越气愤，差一点儿就扔掉手中的铲子去找将军理论。

这时，最后一个人大声喊道："快点动手干活儿吧，管那么多干吗？挖好了咱们赶紧走，谁管那个老家伙想用它干什么。"

后来巴顿说："我提拔了最后的那个家伙，因为我想挑选的人是那种直接做事而不抱怨的人。”

那种只会抱怨的人无论在哪儿都不会受欢迎，任何一家单位都不想要这样的员工，因为一个人如果只会抱怨，不仅不能全力以赴地完成自己的工作，还会将这种消极的情绪带给身边的其他人，从而影响整个团队的运作。

如果你有那个时间来抱怨，不如把它们用在解决问题上。抱怨除了浪费我们的时间外，并不能给我们带来任何好处，要知道前面还有很多更重要的事在等着我们去做呢，千万不要把时间都花在抱怨上。

机会遇见“怨妇”会绕道走

刚刚毕业的王林在某家公司成功地找到了一份工作，进入公司后，恰好遇见了同一学校毕业但比他高3届的学长。因为两人在学校时就曾熟识，所以故人见面自然分外亲热。

通过闲谈王林了解到，原来学长也是一毕业就来这家公司上班了，现在已经过了3年，但依然只是个不温不火的小职员。在闲聊中学长一个劲儿地向王林抱怨，说这个公司这儿也不好那儿也不好，说上司不重视他，只顾提拔那些溜须拍马的小人，说同事们不好相处、各种工作也不配合……学长的话让王林心中不禁打起鼓来，甚至有些后悔来这家公司了。可是不管怎么说，自己也不能刚来就辞职啊。于是，王林只好继续干下去，颇有点儿硬着头皮的味道。

可是，没过多久他就发现，公司的情况并不像学长说的那样糟糕。虽然有的同事也会偶尔有点儿小摩擦，但基本上都很亲和友善，老板对下属也很体贴。所以他很疑惑，不知道怎么到学长嘴里，情况就变得那么糟糕了呢。后来又过了三个月，王林已经和很多同事打成一片了，有一次，他恰好和另一个相熟的同事提起了刚进公司时学长的那一通抱怨。结果没想到这位同事竟然奉劝他以后少跟那位学长来往，他告诉王林，整个公司就没有让那位学长满意的地方，每次逢人就抱怨个不停，刚开始大家还对他有点儿同情，后来听得多了就懒得理他。这位同事还说，公司确实有做得不足的地方，但绝不像那位学长说的那么糟糕。而且公司也不是没给过他晋升的机会，是他自己没抓住。

有一次，公司需要做一个很重要的企划案，老板就把这项任务交给了学长。可是没想到，工作刚开始没多久，这位学长就整天去找老板诉苦，说什么大家不愿意配合他，这个企划案不好做，必须再多给他几天时间之类的话。后来，老板就跟他说："既然你觉得不好做，那就交给别人做吧。"于是，就把这个任务交给了另一个人完成。没想到，这个人把企划案做得非常漂亮，让老板高兴了好几天，后来将他提拔成了助理。

再之后，那位学长逢人就说什么老板只提拔那些会溜须拍马的小人，但其实到底是怎么回事，大家都心里有数，所以就更加没人理他了。

听到这里，王林才明白是怎么回事，原来真正的问题是出在那位学长自己的身上，正是因为他总是在不停地抱怨，所以才会错失晋升的机会。想到这里，王林立马下定决心，绝不做学长那样的人。

在工作中，很多人都像这位学长一样，常常抱怨自己的上司“有眼不识金镶玉”，这类人往往不受上司的重用，只能靠抱怨来表达自己的不满。他们从来不在自己身上找原因，只会把责任归咎于别人，例如说上司势利眼，谁有背景就重用谁。说上司没头脑，只重用那些溜须拍马的小人。实际上，根本不必要这样抱怨，因为这种抱怨解决不了任何问题，反而容易传到上司耳中，引起他对你的反感,甚至会因此给自己的工作造成不必要的阻碍。更何况，无论哪个上司，都不会愿意把好机会留给那些满口抱怨的人。其实机会都是自己把握的，如果你整天只顾着抱怨，就算机会来临，你也看不见。

从前，有一个三口之家，日子过得非常困窘，甚至连基本的三餐都没有保证。有一天，孩子实在是太饿了，几乎快要昏厥过去。着急的父母只好日夜不停地祈祷，希望有奇迹降临在这个贫困的家庭。没想到奇迹真的出现了，他们虔诚的祷告感动了上帝，上帝出现在他们面前，答应满足他们每人一个愿望。

听见这话，三人心里喜出望外，心里担心孩子的母亲立马开口要求道：“请给我一车面包，我要让我的孩子吃饱。”于是，上帝一挥手，他们面前立即出现了一辆装满面包的马车。

这时，孩子的父亲却大声呵斥起了妻子，他说妻子简直是个傻子，这么好的机会就让她这样白白浪费了。他越骂越激动，当上帝询问他的愿望时，他竟然生气地说道：“我不要这些便宜的面包，你快把我那蠢笨的妻子变成一头猪吧。”于是，上帝一挥手，面包和他妻子都不见了，地上只站着一只茫然无措的猪。

看见这样的情况，孩子大哭起来，他冲着上帝哭喊道：“我不要猪，我要我的妈妈。”于是，上帝再次挥手，地上的猪又变回了孩子妈妈。

这时，上帝对他们说道：“我已经给过你们机会了，但你们因为抱怨而没有好好把握住。”说完就离开了。而这一家三口的情况没有得到一点儿改善，面包也没有，孩子依然忍受着饥饿。

现实生活中，我们也常像这一家三口一样，光顾着抱怨自己的不满，反而错失了来之不易的机会。人生不如意事十之八九，如果你因此就一味地抱怨，很可能会为此浪费一生的时间。所以，努力去做一个不抱怨的人吧，无论遇到什么事，都应该保持一颗积极平和的心。这样一来，机会自然会降临到你的头上。就算你原本的生活并不如意，但只要乐观积极，总有变得丰富而精彩的一天。

改变自己，才会改变你的世界

我们总能在生活和工作中听到各种抱怨的声音，例如，有些人总做不好自己的工作，于是抱怨这份工作不适合他，因此不停地跳槽；有些人总和朋友闹别扭，于是抱怨这个人不理解他，因此频繁地更换朋友；有些人总和爱人吵架，于是抱怨爱人不爱他，因此多次结婚离婚。

这种人遇到问题从来想不到自己，都是从别处找原因。殊不知，你才是一切的根源。你才是自己世界的缔造者，只有你改变了，你的世界才会改变。

崔志万出生于1976年，因患有小儿麻痹症，造成下肢行动不便。可即便如此，他从来没有抱怨过上苍的不公，而是以极大的毅力在心里一遍遍告诉自己：“我要养活我自己。”

1995年，崔志万考上新疆石河子大学经济管理专业。在大学期间，为了赚取生活费，崔志万经常倒卖一些随身听、磁带之类的东西。当他1999年毕业后，因为身体残疾，没有人愿意雇用他。最后，他不得不自己创业，去天桥摆地摊，一个月只能挣几百元。

2001年时，他用自己攒的钱开了一个网吧，在这期间，他第一次接触到了电子商务。当淘宝网上线后，他立即注册了自己的网店。

2005年，崔志万的网店开张，名叫“亦心家园”，他卖的第一个商品不是自己进的货，而是6位数的QQ号，这在当时很抢手。

后来又过了几年，他又注册了自己的服装品牌，“蝶恋”、“尔朴树”和“亦心家园”。

2008年，崔志万又注册了自己的公司，那时，淘宝商城刚开通不久，他已经成功入驻。

就这样，他将所有的抱怨化为自己行动的动力，终于在2012年时，被评为阿里巴巴全球十大网商。

2015年，崔志万登上了安徽台《超级演说家》的舞台上，以一篇名为“不抱怨，靠自己”的演讲感动了亿万人，在演讲中他曾说过这样一句话：其实，世界就是一面镜子，照映着我们的内心。你的内心是什么样的，你的世界就是什么样的。

崔万志虽然先天残疾，但通过自己的努力，最终竟成为阿里巴巴全球十大网商之一，那么身体健全的我们又有什么理由把时间都花在抱怨上呢?

与其总是抱怨生活不公、工作不顺，不如在遇到问题时，好好反省一下自己，看看自己有什么可以改进的。就像那句话说的，我们都应该“吾日三省吾身”，如果我们肯用抱怨的时间去反省自己，早晚能取得自己的成功。

原一平被称为日本保险业的“推销之神”，连续15年全国业绩第一。在日本，很多人不知道全日本20家寿险公司总经理的名字，但却没有一个人不认识原一平。

在20世纪30年代，原一平刚刚踏足保险业，那时的他一穷二白，推销能力也很差。有一次，他去一家寺庙推销保险，向一位老僧大讲投保的各种好处，夸夸其谈了一个多小时。但没想到的是，当他说完后，老僧对他说道：“年轻人，虽然你说了很多，但我还是没什么兴趣。”这句话对原一平简直是当头一棒，让他一下子沮丧起来。

老僧看了看他接着说道：“你要把保险推销给他人，首先要先将他人吸引住。否则，你在这一行的前途堪忧啊。所以，你还是先改变一下自己吧。”

老僧的话让原一平陷入了沉思，他觉得僧人说得很有道理，如果自己一直这样下去，想要在保险业闯出一番天地几乎是不可能的。于是，他下定决心改变自己，并且为此专门组织了一个针对自己的“批评会”，每个月举办一次。

每次批评会他都会请来5个同事或客户，大家一边吃饭一边帮他指出身上的各种问题。虽然他的生活并不富裕，但依然坚持这样做。其实，每一次“批评会”他都不好受，毕竟没有谁愿意听别人数落自己的不是。可是，他还是咬牙坚持着，并将朋友们指出的各种问题记录下来，然后反思自身、积极改正。

就这样，他身上的缺点越来越少，人也开始成熟起来，在推销保险时总能给人一种亲切温和之感。最后，他终究没有辜负自己的努力，在 1939 年时，放眼整个日本，再也没人能超过他的销售业绩。并且自 1948 年开始，连续 15 年，他的销售业绩都是全日本第一。

试想一下，如果当时业绩很差的原一平没有选择改变自己，而是选择了抱怨，结果会怎样？恐怕他不但卖不出去保险，连自己的人生也会因为过分消极而陷入昏暗中。

当我们遇到阻碍或者困境时，你可以去咒骂它，但更重要的是改变自己去战胜它。

当你想要抱怨生活对我们不公时，想想那些睡在桥洞和天桥上的流浪汉，他们甚至连温饱都是问题。当你抱怨父母没能耐，无法让你当上什么“二代”时，想想那些无父无母的孤儿，他们甚至连父母的爱都没有享受过。当你抱怨爱人如此平凡、毫不美丽时，想想她对你的付出，她是为了帮你照料父母和孩子，所以才没有时间打扮自己。当你抱怨自己的工作多么累人时，想想那些辛勤的农民，农忙时，他们甚至每天要劳作 12 个小时。

如果我们总是这样抱怨这个，抱怨那个，最后陷入痛苦的只会是我们自己。我们应该以平和的心去看待身边的一切。我们的生活确实没那么富足，但能让我们吃饱穿暖。我们的父母确实平凡，但给了我们全部的爱。我们的爱人确实不够美丽，但和我们相伴相知。我们的工作确实累人，但让我们活得更充实。

与其在这里毫无意义地抱怨，不如努力去改变自己。只有我们自己变了，变得平和，变得积极，我们的生活才会越来越好，越来越瑰丽。

抱怨的心理根源

人们经常抱怨，这其中有很多原因。有的是为了博得他人的同情，从而得到各种好处。例如原本只是一些小病，但有些人却会故意夸大其词，目的就是为了引起他人的关注，享受那种被关爱的感觉。又例如在应聘时，有些应聘者会抱怨说以前的公司有多么不好，目的就是为了博取别人的同情，以求得到更好的职位。

然而，他们不知道的是，这种行为就和祥林嫂差不多，总是冲着别人唠叨自己不幸的遭遇，除了招来别人的厌恶外，得不到任何好处，更别说解决问题了。所以最后，她被赶出了鲁家，在穷苦中结束了自己悲惨的一生。

还有一些人的抱怨是为了抬高自己。例如：抱怨某人不讲卫生、没有礼貌等，其言外之意是为了与自己形成对比，证明自己没有这样的缺点。

事实上，就算你贬低别人，也不一定显出自己的优秀。因为你的优秀要靠你自己去证明，和他人没有什么关系。别人好不好是别人的事，你优秀不优秀最终要看的是你自己。也许我们真的没有那些缺点，但在其他方面呢，你肯定还是有不如他人的地方。

其实，在我们的潜意识中，原本有些很积极的东西，但就是因为我们总爱抱怨，所以它们被破坏了。当我们的头脑被抱怨的念头充斥时，我们就会将眼下的工作放慢，一味地去为自己抱不平，企图获得别人的支持。如果最后没有达到我们预期的效果，我们就会抱怨苍天不公，世事不平。这样一来，时间长了，不但我们的工作和生活会受到影响，就连我们的心情和态度也会被改变。

有时候，只是一件小事，或者一句无足轻重的话，甚至只是因为一个坏天气，都会引发我们的烦恼，让我们深陷在痛苦的境地难以自拔。

可是，无论你如何抱怨，事情还是无法得到解决，哪怕是小事。无论你如何抱怨，别人说出的话也不可能收回。无论你如何抱怨，坏天气也不会变好。可见，抱怨是最没用的东西。所以，我们必须积极调整好自己的心态，努力克服抱怨的毛病。

首先，我们要懂得“将心比心”。

从 2010 年 5 月 1 日开始，北京开始正式实施《北京市公共场所禁止吸烟范围若干规定》，这不禁引起大批烟民的抱怨。吸烟有害健康，这是众所周知的。可是与之相比，吸“二手烟”的危害甚至更大。也就是说，当你在公共场所吸烟时，不但危害了你自己的健康，就连你周边人群的健康也同样受到了危害。所以，如果你了解了这点，那还有什么理由去抱怨呢?

其次，在对待不顺时，我们不妨换个角度。同一件事，如果我们换个角度来看，想法可能也就完全不一样了。

从前有位老人，整天愁眉苦脸的。他有两个儿子，老大是卖雨伞的，老二是卖鞋的。每当下雨天时，老人就担心二儿子的鞋卖不出去。每当晴天时，老人又担心大儿子的伞卖不出去。所以，一年下来，无论晴天还是雨天，老人总是忧心忡忡的。

后来，老人向一位哲人求教，自己应该怎么样才能高兴一点儿。哲人告诉他：“你何不换个角度呢？如果是晴天，你就想想二儿子，他的鞋一定卖得不错。如果是雨天，你再想想大儿子，他的伞肯定卖得好。这样问题不就解决了吗？”老人回到家里照着哲人的话做，果然每天都很高兴。

如果我们遇事能换个角度，结果自然大不一样。如果你听到对方说你的坏话，自然会很生气。此时不妨换个角度，将那些坏话当作对你提出的意见，检讨自己。这样一来，不是更有利于你弥补身上的不足吗?

最后，我们还要学会放弃固执，根据周边的环境做出改变。

从前，有个人要骑着驴去镇上赶集。途中经过一段陡峭的悬崖，为了防止驴子掉下去，这个人使劲儿把驴往身体里侧推。但他越是这样，驴就越是往外挣。两者谁都不甘示弱，一个使劲儿往里拉，一个使劲儿往外扯。可人的力气哪儿比得上驴的，所以，最后不出所料，这头驴一使劲儿，直接掉到了悬崖底下。痛失财产的主人十分悔恨，如果自己能适当改变一下，放松手里的绳子，那头驴也许反而不会掉下去了。

在现实面前，如果人们一味地坚持自己那一套，不懂适当的改变，很可能会得不偿失。

与其整天抱怨生活的不顺，不如努力改变自己，从而改变现实。一味地抱怨只会让你越来越痛苦，只有停止抱怨，你才能得到快乐。人生不如意事常八九，就算你有再多的抱怨，这种现实还是不会改变。

更何况，如果总是抱怨，你的人际关系也会受到影响。试问，谁愿意和一个整天愁眉苦脸的人交往呢？所以，我们必须学会放下抱怨，努力以一种积极的态度来面对生活。

05 >> 常见病：未动身，先“恐惧”

想象出来的“困难”

一位律师去某处风景优美的地方自驾游，但不成想，在半路上，他的车子却出了问题，需要一些工具来修理。恰好不远的地方有个小村落，他决定去那儿借些工具来。

可是，在往村子走的路上，他不停地在想：“他们都不认识我，能愿意把工具借给我吗？他们不会把我当成坏人吧？又或者，他们万一没有这种工具怎么办？”这种不安的想法不停地在他脑袋中盘旋，以至于当他走到村子里后，再也不敢去借工具了，只好转身又回到了车里。

有些人会觉得故事中的这个人太过胆小了，做的事情也着实可笑。但实际上，在现实中，很多人都有这样的经历，常常在事情还没开始前，就被自己想象出来的困难吓倒了。

例如我们喜欢一个人很久了，却从来不敢表白，因为很可能被拒绝，那就太丢脸了；我们想向老师求教一个问题，却迟迟不敢张口，因为问题太简单，很可能会被老师批评；我们想换个工作，却不敢轻易辞职，因为下一个工作也许还不如现在的这个呢。我们想做的事很多，但能够立即执行的没有几件。

因为我们总是想得太多，顾虑这个顾虑那个，很多计划还没开始就已经夭折了。

我们为什么会有那么多顾虑呢？其实，是我们的消极思想在暗中作祟。

当我们想要开始一件事时，常常会这样想："我能不能做好呢？万一搞砸了怎么办？""我不一定能做好,还是别开始了吧？"因为这种消极心理，我们渐渐丧失了自信，把眼前的问题看得过于严重，甚至因为惧怕这些想象出来的困难而裹足不前。

可以说，消极是我们人生中的大敌，我们迈向成功的脚步会因它受到阻碍。

1976 年的德国哥廷根大学，刚刚吃完晚饭的 19 岁青年高斯开始完成导师单独布置给他的两道数学题，这几乎已经成了他每天晚饭后的习惯。

今天的两道题目并不难，高斯还和平时一样，只用两个小时就完成了。这时，在纸的下方，他发现还有一道数学题，要求他只用圆规和一把没有刻度的直尺，做出一个正 17 边形。高斯并没有想太多，他认为不过是老师今天多布置了一道题目而已，所以，很自然地再次拿起纸笔做了起来。

然而没过多久，他发现这道题并没有他想象得那么简单，他有些犹豫，是否还要坚持做下去。后来他转念一想，也许这正是导师在考验他呢，如果这么轻易就放弃，那太让导师失望了。于是，他硬着头皮，继续钻研那道题。

随着时间的流逝，他越来越焦躁，因为他对这道题简直毫无头绪，似乎他之前学的所有数学知识此时都用不上了。可越是这样想，他就越有斗志。他暗下决心，今晚一定要把这道题做出来。

于是，他拿起圆规和直尺，开始不停地在纸上比画，想使用一种超常规的方法将这道题解出来。

当太阳跃上地平面时，高斯松了一口气，这道难题终于被他破解了。当他第二天将解开的题目递给老师时，显得十分不好意思，他说：“老师，真是抱歉，我辜负了您对我的栽培。您昨天布置给我的第三道题，我竟然花了整整一个晚上才解开。”

听见他的话，导师有些诧异：“第三道题？”当他接过高斯递过来的本子时，简直惊呆了。他的双手都颤抖了起来，冲着高斯大声问道：“这真的是你自己解出来的？”

老师的表现让高斯很疑惑，但他还是回答道：“确实是我花费了一整个晚上解出来的，如果我再聪明些，可能就不用花费这么长时间了。”听见他的回答，激动的导师拿出圆规和直尺，要求高斯将这道题当着他的面再解一遍。

高斯按他的话照做，没过多久，这道题再次被解开了。这时，导师激动地对高斯说：“你哪里还需要再聪明，你简直是个天才。你知不知道，这道数学难题已经有两千多年的历史了。无论是牛顿还是阿基米德，都没有破解成功。但你竟然做到了，而且只花了一个晚上。最近，我正在研究这道题，昨天顺手写在了你的作业本上。但没想到，你竟然这么厉害。”

后来，已经成为数学王子的高斯回忆起这件事时，曾感叹地说道：“如果当时有人告诉我，这道数学题两千多年来都没有人能破解，那我很可能同样解不出来。我之所以能成功就是因为，我把它当成了一道普通的数学题。”

高斯之前的很多数学家为什么没有解开这道题？这和他们把它当成一道世纪难题有很大关系。既然连牛顿、阿基米德那样的大师都解不出来，自己恐怕也没有那个能力。在解题之前，他们心中就已经有了消极的种子，解题的过程中自然也就很难有足够的自信。稍微一遇到阻碍，他们就会认为这确实是道难题，自己果然没有能力解决它。

如果我们不想被这种消极的思想控制，不想被眼前的困难吓倒，那该如何做呢?

首先，无论遇到什么困难，都要鼓起勇气去面对。永远相信自己，你有足够的能力解决它，千万不要因此而恐惧。

其次，要具备探索精神。面对困难时，不要后退，反而要主动向前一步去探索它，当你了解它后就会发现，它并没有我们想象中的那么强大。当你对它具备了足够的了解，再想解决问题就简单多了。

最后，要勇于尝试。如果你一遇到问题就退缩，不仅无法解决它，而且也很难知道自己究竟有多大的能力。只有勇于尝试，你才能知道自己的方法是否可行，一旦发现自己的方法可行，你的自信就会被提升。等到下次再面对困难时，你就会从容淡定得多。

即使真的失败了，又怎样?

无论对谁来说，失败都不是什么愉快的体验。就算是最自信的人，在面对失败时，也会心有沮丧。我们常说“失败是成功之母”，可真正能坦然接受它的恐怕没有几个。

在英国，学校和家长非常重视对孩子的“失败教育”。当孩子在某事上尝到了失败的滋味，他们不会让孩子放弃，或者由家长包办，他们会再提供一次机会，让孩子从上次的失败中吸取教训，从而赢得成功。

据英国媒体报道，英国国内顶级私立女子中学牛津中学推出了一套数学考试试题，非常具有挑战性。这套数学题的难度循序渐进，最后甚至远远超过了中学生的能力范围。

学校坦言，与中学生的学习水平相比，这套试题要难得多，所以，学生们要想得到满分，那是不可能的。

那推出这样一套试题究竟有何用意呢？答案很简单，就是为了让这些学生能够坦然地接受失败。

学校负责人表示，这所学校的学生大部分都十分出色，从小就有一种优越感，所以学校很担心他们会在以后遭遇失败时，裹足不前或者一蹶不振。这次考试的目的就是为了让他们明白，失败没什么可怕的。

另一所顶级学校伦敦温布尔登中学也曾举办过“失败周”的活动，并且有很多成功人士受邀出席。在活动中，这些成功人士将自己失败的经历与学生们分享，并且告诉他们“失败没什么可怕的，大可以去坦然接受”。

2006年，在前人打好的基础上，中山大学朱熹平教授和旅美数学家、清华大学兼职教授曹怀东彻底证实了“七大世纪数学难题”之一的庞加莱猜想。当记者采访朱熹平教授，问他为何能破解这一世纪难题时，朱熹平教授回答说：“这是因为有了一种心态，要把失败当成常规，成功当作偶然。”

如果把失败当作常规，在失败时，我们就不会心怀沮丧；如果把成功当作偶然，在成功时，我们就等于收获到一份意想不到的惊喜。

我们应该记住，永远不要为打翻的牛奶哭泣。因为既然已成定局，无论你如何自责悔恨，结果也没办法改变了。与其因此沉湎在失败的沮丧中，不如努力吸取经验，再次奋勇向前。

实际上，最可怕的不是失败，而是失败后再也不敢前行。有很多人因为失败，丧失了自己的信心，甚至对自己的能力产生怀疑。其实大可不必如此，因为失败的原因有很多，可能是因为你的方法不对，也可能是因为外部因素对你不利。所以，你决不能就此否认自己的能力，失败从来不代表你不优秀。古人说“莫以成败论英雄”就是这个道理。

林肯是美国史上最伟大的总统，他在 22 岁时经商，结果生意惨败。他在 23 岁时，竞选州议员，结果落选。他在 24 岁时再次做生意，依然没有成功。

当 25 岁时，他好不容易当选了州议员。但在 26 岁时，结婚前夕，他的未婚妻突然病逝。27 岁时，因为精神的崩溃，他一度有 6 个月的时间卧病在床。29 岁时，他竞选州议长，再次失败。31 岁时，他争取成为被选举人，依然没有成功。34 岁时参加国会大选，依旧落选。

37 岁时终于成功当选国会议员，但在 39 岁想要连任时，却又失败了。他在 46 岁时竞选参议员，结果失败。47 岁时竞选副总统，还是没成功，甚至得票还不到 100 张。49 岁时，竞选参议员，依旧落选。当他入选美国总统时，已经是半百之年，51 岁了。

林肯的一生都在不停地失败，他却从来没有放弃过，所以才能在最后成功地当选为美国总统，带领美国北方军取得了内战的胜利。

一个人如果连一点儿失败都经受不住，稍微遇到一些挫折就沮丧抑郁，甚至因为心理承受不了而轻生，这样的人又怎么可能成就大事呢?

松下电器是世界最大的家用电器企业，也是日本电机行业的排头兵。有一次，松下公司要招聘一批推销人员，考试分为笔试、面试两部分。投递简历的多达几百人，但招聘名额只有10个，所以竞争非常激烈。这几百人经过一个星期的筛选，最后终于决出了10位优胜者。

公司创始人松下幸之助亲自过目了这些优胜者的名字，结果意外地发现，神田三郎的名字并不在这份名单中。要知道在面试时，这个人给松下幸之助留下非常深刻的印象，他觉得此人入选应该不成问题。于是，他叫来下属，吩咐他对考试分数进行复查。

当下属再次审阅综合成绩时，发现神田三郎的成绩果然非常优秀，位于总排名的第二位。他之所以没在前十位的名单中，是因为电脑出现故障，排错了分数和名字。下属将情况报告给松下幸之助，松下让他立即改正错误，并将录取通知书尽快发给神田三郎。

然而让人没想到的是，负责招聘工作的下属第二天却带回一个惊人的消息：因为没有接到松下公司的录取通知书，神田三郎竟然跳楼自杀了。虽然他已经派人送去了录取通知书，但终究是晚了。下属不无惋惜地对松下幸之助说道："真是太可惜了，我们竟然错过了这么有才华的年轻人。"松下幸之助听了下属的话却摇了摇头，他说道："绝对不是！我们公司幸好没有录取他，他是成不了大事的。一个没有勇气面对失败的人又怎么懂得去做销售。”

神田三郎的悲剧不是因为运气不好，电脑偏偏弄错了他的排名，而是因为他承受不了失败。如果他能坦然地接受失败，就算等不到松下公司的录取通知书，早晚也会被其他公司录用。而且就像松下幸之助说的，一个连失败都承受不了的人也根本无法成为一名优秀的销售人员，因为他必然无法面对别人的一次次拒绝。

亲爱的朋友，千万不要害怕失败。如果在面对失败时，我们选择逃避，很可能就会从此裹足不前。真正的勇者是从来不相信眼泪的，他们在成功面前会大声高歌，在失败面前同样能坦然接受。因为失败可以让他们更清楚地认识自己、磨炼自己、超越自己，从而取得更大的成功。

非走不可的弯路

生活中的很多事，只有经历了才会懂得。例如：只有生病时，才知道健康的可贵；只有分别时，才知道相伴的难得。

反之，有些事如果我们没有亲身经历过，那就永远不会懂得其中的滋味。每一次受挫，我们就更能理解生活；每一次犯错，我们就更能明白道理；每一次不幸，我们就更能体会成熟；每一次弯路，我们就会更加珍惜成功。

也许人生中，注定有很多弯路是绕不过去的，只有经历后我们才能明白。所谓的“吃一堑，长一智”大概就是这个意思吧。

可是就算是弯路，你也不要害怕，因为不同的路上总会有不同的风景，不去经历，你就永远不会懂得。

在《非走不可的弯路》中，张爱玲曾这样描写道：

在青春的路口，曾经有那么一条路若隐若现，招呼着我。母亲拦着我："那条路走不得。"

"我不信。"

"我是从那条路走过来的，你有什么不信呢？"

"既然你能从那条路走过来，我为什么不能？"

"我不想让你走弯路。"

"但是我喜欢，我也不怕。"

母亲心疼地看了我好久，然后叹口气："好吧！你这个倔强的孩子，那条路很难走，一路小心！"

上路后，我发现母亲没有骗我，那条路确实是条弯路，我碰壁，摔跟头，有时碰得头破血流。但我不停地走，终于走过来了。

坐下来喘息的时候，我看到了一个朋友，自然很年轻，正站在我当年的路口，我忍不住喊："那条路走不得！"她不信。

"我母亲就是从那条路走过来的，我也是。"

"既然你们都可以走过来，我为什么不能？"

"我不想让你走同样的弯路。"

"但是我喜欢！"

我看了看她，看了看自己，然后笑了："一路小心。"我很感激她，她让我发现了自己不再年轻，已经开始扮演"过来人"的角色。同时患有"过来人"常患的"拦路癖"。

在人生的路上，有一条路每个人都非走不可。那就是年轻时候的弯路，不摔跟头、不碰壁、不碰个头破血流，怎能炼出钢筋铁骨，怎么才能长大呢？

是啊，有些弯路我们非走不可。因为只有经历过了，我们才能真正了解其中滋味。如果没有亲身经历过，我们就不会有真实的体验，也就很难知道什么是好，什么是坏，什么是对，什么是错。不要怕走弯路，那其实正是给了我们锻炼和成长的机会。

年长的人总是希望通过自己的人生经验给我们指引，希望我们能够少走一些弯路。可是，就算是血亲，每个人的思想和看法也是不同的。就算我们生活在一起，吃同样的饭，看同样的书，但我们的人格却永远都是独立的。所以，同一个经验又怎么能套用到不同的人生上呢？更何况，走点儿弯路也没什么不好，每一次弯路都是在为我们的成功积累经验。

父母不要怕孩子走弯路，因为他们在走弯路时，正好锻炼了自己的能力。只有这样，父母才能放心地让他们有一天自己上路。毕竟就算是父母，也不可能陪伴孩子一辈子。如果总是怕他们走弯路，万事都手把手地教导，最后很可能反而会害了他们。

从前有个渔夫，被人们尊称为“渔王”，捕鱼技术十分精湛。可是，不知什么原因，他的儿子却并没有继承他的这项技艺，这令他颇为苦恼。

因此，他经常向别人抱怨：“我的这一身好技术怕是要糟蹋了，我真是不明白，为什么我的儿子就学不好呢！从他小时候懂事开始，我就把我毕生所学的捕鱼技术一点点地传授给了他。例如怎么织网最容易捕到鱼、想要让鱼入网应该怎么做啊。等他稍大一些，我又教他辨认潮汐和渔汛。我捕了这么多年鱼，可谓经验丰富了。但不管我怎么倾囊相授，我的儿子都学不会。甚至和那些普通渔民的儿子相比，技术都要差得多。”

一个朋友听了他的抱怨后问道：“你一直都是手把手地教他吗？”

“当然了，我教导得可仔细了，就怕他把我这一身捕鱼的能耐辜负了。”

“他一直都在按你教的做吗？”

“当然了，他自然要照着我说的去做，这样他就不会走弯路了。”

听见这样的回答，朋友接着说道：“你看，这就是问题的症结所在。一直以来，你虽然把你的技术都传授给了他，但是却没把你受过的教训也一并传授。一个人要想掌握某方面高超的技术，不但要掌握技巧，同时还必须得到教训，或者也可以说必须自己积累经验。”

如果想让孩子成大器，我们必须学会放手，让他亲自去感受人生路上的那些曲折。这样他才能得到锻炼，积累更多的经验教训，从而走向更高的地方。

一位老师向讲台下的学生展示了一幅世界河流分布图，然后向学生们问道：“大家一起看看，地图上的这些河流都有什么共同点？”同学们观察了一会儿答道：“这些河流都是弯弯曲曲的，都不走直线。”老师又问：“那河流为什么都走弯路呢？”同学们不知道答案，在座位上大声地讨论着。

这时，老师接着说道：“实际上，在自然界，走弯路是一种常态，走直线反而是种意外情况。在前进的过程中，河流也会遇到各种障碍，比如不可逾越的高山。这时，为了避开这些障碍，河流就会绕道而行，脚下的路自然就弯曲了。可是不管怎么说，弯弯曲曲的河水最终还是会流入大海。”

我们应该以一种平和的心态去接受成功路上的那些挫折和阻碍，因为这些曲折本就是人生的常态。实际上，走点儿弯路没什么大不了的，这也是前进的一种形式。不管我们走的有多曲折，只要目标坚定，就会像河水一样，虽然流淌得弯弯曲曲，但最终还是会流入大海。

乐观，让恐惧烟消云散

永远保持一种乐观的情绪，遇事往好的方面想，至少不要专门往坏处想，恐惧情绪就无从滋生、壮大。你会发现，事情往往没你想的那么糟糕。

著名的小提琴家欧尔·布里在巴黎举办了一场大型音乐会。在音乐会的现场，每个人都沉浸在美妙的演奏中。这时，布里的小提琴突然断了一根弦，他的心也跟着抖了一下。不过很快，他就恢复了常态，若无其事地继续演奏。甚至还面带微笑，一首演奏完又演奏了一首。就这样，从始至终，观众都沉浸在动听的音乐里，整场音乐会非常成功。

当音乐停止时，欧尔·布里十分高兴，他将小提琴高高举起，以表达自己的兴奋。这时，小提琴那根断了的弦在半空中十分显眼，现场观众这才知道，原来这位大师一直在用一把断了弦的小提琴演奏。于是，掌声更加热烈了。不仅是惊叹于这场演出的动听，而且还是在表达对这位音乐家的敬意。

后来，当有记者问布里，何以在断了弦的情况下还能如此镇定时？布里是这样回答的：“这没什么，就像你说的，只是断了一根弦而已，我还有其他弦可以用。这就好像有些人一样，虽然生命中可能遭遇过某些不幸，但依然不妨碍他获得美好的人生。”

确实，“不过是断了一根弦而已”，我们大可不必为此缩手缩脚。用积极乐观的心态，演奏不完美的乐器，照样可以奏出美妙的乐章。

对于进入社会不久的年轻人来说，他们的心态往往有一个从“盲目乐观”到“盲目悲观”的过程。最初，他们对自己抱有过高的期望，坚信凭借自己的才华和学识，理应得到不错的工作和待遇。然而，现实往往并不如他们所愿，因为缺乏工作经验，这些人通常要从最底层做起，干最苦、最累的活儿，拿最少的工资。而且，在实际工作面前，他们可能会发现，自己的专业实力并不像当初想象的那么强大，于是一些人开始变得沮丧，不自信，面对任何问题都条件反射似的往悲观方面想。一旦进入“悲观模式”，真的就会凡事不顺。

悲观，会形成一种气场。它让有活力的人敬而远之，让本来可以做成的事情半途而废甚至无法开始。悲观的人，习惯于说“不可能”，这个不可能，那个不可能，似乎只要是好事情就跟自己不沾边儿，这样的心态，形成恶性循环，足以把人生之路逐条堵死。

相反，乐观的人，会让可能的事情实现，让似乎不可能的事情出现转机，这样的人生是开放的，机会越来越多，可能性越来越多，形成良性循环。

以上两种截然不同的人生，在起点上的差异其实并不大，无非就是一个心态问题。在一定角度上说，心态问题是最简单、最容易改变的。当我们遇到事情，是应该往好处想呢，还是往坏处想？——就是这个问题而已。多提醒自己往好处想，试着往好处想，你会发现并不难。

做个乐观的人吧！实际上，悲观和乐观只有一纸之隔，捅破了就是一个新天地。乐观的天地里，恐惧没有存活的土壤。即使真的遇到坏事发生，它所造成的影响也是有限的，无伤大局。

有一次，美国总统罗斯福家中被盗，很多东西都被小偷搬走了。当得知消息的朋友忧心忡忡地写信安慰他时，罗斯福的心情却并没有受到多少影响。

在回信里，他从容地说道：“亲爱的朋友，你能写信安慰我，我十分感谢。但我现在感觉很好，请你不用担心。我十分感激上帝，因为第一，我丢的只是东西，并不是我的性命。第二，我丢掉的只是部分东西，并非全部。第三，做贼的是他而不是我，这显然是最值得庆幸的。”

罗斯福的乐观让人敬佩，一个人的内心如果充满阳光，他的生活自然不会有阴影。

虽然很多时候，我们不能选择自己的境遇，但我们却可以选择自己的态度。生活会给予我们什么，这由不得我们说了算。可是，在面对生活给予的那些东西时，我们却可以选择用什么态度去迎接。

乐观的人看到的永远是事物好的一面，对他们来说，每天都有好消息。例如：早上一起床，乐观的人就可以高兴地大喊：“真好，我还活着。”

乐观的人看事物永远是积极的，无论是他们的语言还是他们的行动，甚或是他们的思维，永远都保持一种积极向上的势头。所以，无论是在工作中还是在生活中，他们都更乐于去积极地拼搏，积极地去努力，这样一来，获得成功的概率自然会变大。

在做事时，他们通常会给自己一种积极的暗示。

千万不要小看这种积极的暗示，积极的暗示就相当于给大脑里的潜意识输入了一个积极的程序，当这个程序运转起来，就会发生意想不到的惊喜。

例如：在参加比赛时，我们要暗示自己“我一定会赢，我一定会赢。”而不是总想着什么“我能赢吗”、“我做得到吗”。如果我们心中认定了自己一定能赢，就会全力以赴，获得成功的可能性自然会变大。如果我们心中认定了自己赢不了，行动时就会畏首畏尾，成功的可能性自然变小。

说了这么多，那我们究竟该如何保持积极乐观呢？

首先，我们应该制订一个乐观积极的人生计划。每个人都希望可以快乐地活着，而快乐的生活必须依靠我们自己去争取。所以，你必须为自己的努力定下一个积极的目标，这种积极的目标有助于你克服消极情绪。就算工作单调乏味，因为有了目标，你也能从中找到乐趣。

其次，我们不要过高的要求自己。因为一旦你对自己的要求太高，往往很难达成，自然会产生一些沮丧、抱怨的情绪。例如为什么我做不到？为何自己这么倒霉？总是这样想，心里就会越来越消极。

最后，我们还要常常保持微笑，对自己的情绪积极地做出调控。将那些负面情绪摒除，始终以一种积极乐观的心情面对生活中的每一天。

积极，还是消极？这是人生的第一大抉择

人的一生就是由无数个选择组成的。如果把每个选择比作一个点，那么所有的点连在一起就形成了我们人生的路线。无论我们身处何地，都会面临不同的选择，早上起床时选择穿什么衣服，出门上班时选择乘坐什么交通工具，到了单位后选择先做什么工作，中午吃饭时选择吃什么东西……所以说，在我们的人生中，选择无处不在。

有些选择看起来微不足道，对我们的人生似乎没有根本性的决定作用，但却会让我们的生活逐步发生转变。

例如：早上上班时，你要面临出行的选择。走哪条路？是步行还是开车？是坐公交还是打车？每一条路和每一种出行方式都可以任意组合，表面看来，似乎无论哪种都无关紧要。但因为选择的不同，你花费的时间也必然不同，沿途经过的风景也绝不会一样，甚至路上的遭遇也有区别。所以可以说，即便是对于出行路线和方式的一个小小选择，你的人生也会随着选择的不同而发生不同的变化。

一对双胞胎兄弟，父亲从小就酗酒成性，每当喝醉了就对他们大打出手。可以说，从很小时候开始，他们的心灵就留下了很多创伤。

后来他们长大了，分别在不同的城市打拼。当他们共同的朋

友去拜访他们时，没想到却看见了截然不同的情景。

老大的家里脏乱不堪，喝光了酒的酒瓶扔得到处都是。妻子早已离他而去，只留下两个孩子怯怯地缩在角落里。当朋友询问他为何会如此时，他说道："这有什么好奇怪的，你也知道我父亲是什么样的，我还能如何呢？"朋友默然。

后来没过多久，朋友又去老二的家里拜访。结果发现弟弟的家里不但干净整洁，夫妻和孩子之间也很温馨和睦。朋友十分不解，明明就是出自同一个家庭的两兄弟，怎么过得却是截然相反的日子。当询问老二时，老二答道："这有什么好奇怪的，你也知道我父亲是什么样的，那我还能如何呢？"

两兄弟的回答虽然一模一样，意思却截然相反。老大的意思是说："我既然出生在那样的家庭，那我这辈子也就没什么希望了。"所以，他才破罐子破摔。而老二的意思是说："我既然出生在那样的家庭，在我可以选择自己的生活时，我就再也不能那样了。"所以，老二因为童年时的伤痛做出了完全相反的选择。

即便是亲兄弟，从小生活在同一个家里，因为选择的不同，人生也会出现天壤之别。哥哥因为童年的境遇选择自暴自弃，结果只能重复父亲的老路。弟弟的童年虽然也有伤痛，但却能选择积极进取，结果自然是赢得新生。

即便是到了垂暮之年，只要我们热爱生活，愿意继续拼搏，依然能焕发出不一样的精彩。

卡门·戴尔·奥利菲斯是美国时尚圈的不老传奇，她生于1931年6月，到2013年时，已经是82岁高龄。

这个年纪的老人大都在家安享晚年，可卡门却不甘于这样的生活，她依然选择活跃在她热爱的T台上。并且依然是各大品牌的宠儿，爱马仕邀请她展示新品，Dior邀她助阵，她代言的劳力士广告也常常登上各大时尚杂志，她还六度登上过《时尚》杂志的封面。

正是因为卡门选择继续自己热爱的事业，而没有选择像大多数老人那样老实地在家安享晚年，所以才创造出了一个不老的神话。

人生面临的选择实在太多，但无论哪种选择，都希望我们能保持一种积极向上的姿态，只有这样，我们的人生才能永远向着阳光前行。

积极主动，你就赢了八成

哈佛大学曾针对一些人做过一项研究，研究结果表明：一个人能否取得成功，80%取决于他是否能积极主动地去做一些事，只有15%取决于他的智力和学识。

也就是说，我们要想取得成功，在工作中就必须学会积极主动地多做一点儿。

一个人如果不具备积极主动的精神，在完成工作时，通常会墨守成规，只知道按老板交代的工作去做，自己没有主动性，这样的人很难得到提拔。

孙健和李军是同事，他们入职这家商铺的时间差不多，平时拿的薪水也差不多。可是，一段时间后，不知因为什么原因，李军得到了老板的提拔，薪水也翻了一番。这让同时入职的孙健十分不满，整日闷闷不乐，甚至觉得自己一下子比李军矮了一头，脸上有些挂不住。于是，思考再三，他决定辞职。

第二天，他来到老板办公室，表达了自己辞职的意愿。这让老板十分困惑，平时工作得好好的，怎么突然想辞职了呢？于是，连忙询问孙健其中的原因。孙健一想，反正自己就要辞职了，有些话也不怕说了。于是，他开始质问老板，为什么他和李军一起入职，干的活儿也差不多，可到头来只有李军得到了提拔？是不是对他有偏见啊？

李军的话让老板哭笑不得，但又不知道该怎么和他解释。后来，他想了想对孙健说道："你现在去趟集市吧，去看看今天早上有什么卖的，反正你也要辞职了，就当是给我帮个忙。"

孙健不好意思推托，只好去了集市。没过多久，他从集市上回来对老板说道："也没什么，只有一个农民拉着一车土豆在卖呢。"

"哦，土豆具体有多少？"

"啊？我没注意，我再去看看。"说完，孙健又跑了出去。

没过多久，他回来对老板说道："一共 40 袋。"

"哦，那多少钱一斤？"

"啊？你没说还要问价格啊。"孙健说道，语气颇为委屈。

"那好吧，你先坐下，看看李军是怎么办这件事的，"老板说完将李军叫到办公室里吩咐道："你现在去趟集市吧，去看看今天早上有什么卖的？"

李军得到吩咐立即出发，没过多久就从集市上回来了，他向老板汇报道："集市上只有一个农民在卖土豆，一共 40 袋，五毛钱一斤。我仔细看了看土豆，质量非常好，而且价格便宜，我还拿了一个回来让您看看。”李军边说边从口袋里掏出一个土豆递给老板，同时接着说道：“那位农民还说，一会儿会拉一车西红柿过来，价格也不贵。我想咱们店里西红柿的库存正好不多了，可以从他那儿进一些。我让他拿着一个西红柿做样品直接跟我一起回来的，他现在正在外面等着呢。”

这时，老板转过头向孙健问道：“现在知道为何李军能得到提拔了吧？你还想辞职吗？”

孙健低头沉思了一会儿，默默拿回了自己的辞职信。

积极主动是我们做好工作的基础，一个人具备了积极主动的态度，在工作中，他就能自主自发地去行动，每次多做一点点。李军就是个典型的例子，正是因为他每次都能积极主动地去多做一点儿，所以，才能比孙健更得老板的器重。

松下幸之助是日本著名跨国公司“松下电器”的创始人，被人称为“经营之神”。

在他少年时，曾在一家电器商店当学徒，和他一起当学徒的还有另外两个人。以前，松下幸之助从来没有做过电器方面的事情，可以说对这方面一无所知。所以，刚到这家店里时，他有些茫然。不过没过多久，这份茫然就转变成了对未知领域发起挑战的热情，他开始主动投身到对电器知识的学习中。

当其他人都下班时，他正在阅读各种电子产品的说明书；当其他人外出娱乐时，他把时间都花在了电器修理培训班上。他立志要成为电器方面的行家，但却遭到其他两个学徒的嘲笑，他们说：“你和我们一样，不过是个学徒，竟然还想成什么大事，有什么可学的啊！”即便他们这么说，依然没能阻挡松下幸之助学习的热情。

通过不懈的努力，原本对电器一无所知的松下幸之助获得了很大进步，不仅能为顾客清楚地讲解电器知识，还能自己动手修理和设计电器。

他的一切努力都被店主看在眼里，店主非常欣赏他这种主动学习的精神，没过多久，直接将他从普通学徒提拔为了高级员工。至于其他两位学徒，因为没有进步还总是抱怨，最后被老板解雇了。

松下幸之助的成功和他的积极主动有很大关系，虽然一开始，他对电器知识一窍不通，在这方面没有任何优势，但在别人休息时，他能主动地去多做、多学，所以最后不仅弥补了这方面的不足，而且还得到了老板的重视。

如果在工作中，我们没有什么明显的优势，每次积极主动地多做一点儿，无疑是我们最大的资本。

在工作中积极主动地多做一点儿，我们就能有更多学习的机会；在工作中积极主动地多做一点儿，我们的能力就会得到更多的锻炼；在工作中积极主动地多做一点儿，我们就更容易得到老板的赏识；在工作中积极主动地多做一点儿，我们就离成功更近一点儿。

06 >> 立即行动

不去做，梦想就只能是梦想

有多少人的日子过得好像流水账一样，无论什么时候，似乎总有很多事要做。每天都在为生活忙碌，连审视一下自己内心的时间都没有。你对自己现在的生活真的满意吗？这真的是你想要的吗？你是否也曾这样问过自己，然后摇摇头、叹叹气，依旧万般无奈地过着。偶尔闲暇时，你或许会想起自己曾有的那些梦想，但也只是想想罢了，再难有勇气将它们付诸行动。

就算是偶然间萌发的一些小愿望，例如：想去丽江旅游、想在工作之余学学烹饪、想让自己再瘦一点儿……同样无法让你行动起来。因为你总是太忙了，好不容易有点儿时间，你宁愿睡懒觉，也不想把它们浪费在火车、课堂或者运动上。你每天在工作和生活中疲于奔命，所有的愿望都不过是空想。

记得有一段时间很流行一件事，就是“来一场说走就走的旅行”。这种潇洒的方式让很多人羡慕，但真正拿出勇气付诸行动的却没有几个。

不过有个年轻人却真的上路了，他骑自行车从中国到伦敦，花费三个月时间环游了十一个国家。这个年轻人就是云南小伙儿郑盛。

决定旅行的那年,郑盛只有23岁,刚刚从上海理工大学毕业,作为“重点培养”对象在一家著名企业做销售代表。虽然工作上十分顺利，但郑盛却从来没有忘记自己的梦想，他一直想为自己的青春留下一段深刻的记忆。

在大学期间，他曾去过很多地方旅行，例如苏州、杭州、拉萨等。而且无一例外，每个地方他都是自己骑着单车去的。可是工作后，能够用来旅行的时间越来越少，但他心中对旅行的热爱却从没有消退。他的头脑中甚至突然冒出一个大胆的想法，他想骑着单车穿越欧亚大陆。每当这种想法出现，他的心都激动得难以自持。

不过很快他就冷静了下来，因为他意识到自己已经工作了，并没有多少时间能够用来完成这次长途旅行。他心里十分矛盾，一方面是稳定的工作，一方面是自己热爱的旅行，究竟该如何抉择呢?

后来，他终于想通了，工作可以再找，但如果此时放弃了这个梦想，它很可能就会变成头脑中的空想，以后再难有实现的可能了。所以，他毅然选择了辞职，将所有身心都投入到了这次旅行中。

在旅行开始之前，他花了近一年的时间来做准备。单单制作地图就花了3个月，买了十几个国家的地图，将每个国家的道路名都翻译成中文。大到出境城市，小到途经每一个国家每座城市的每一条国道、省道，都在纸上做出了精确的标注。就连每天计划走多少公里路，晚上在哪段路上过夜，也都标识的一清二楚。

为了在出发前顺利拿到签证，让各国大使馆认同和支持他此次的跨国骑行计划，他把所有资料都准备得十分充足。包括能证明他是个好学生的奖学金证书和学业证书、能证明他身体健康的献血证、能证明他是个乐于助人的好公民的社工活动资料等。

郑盛的梦想不可谓不大胆，他能为了梦想果断放弃稳定工作的勇气更是可嘉。

不仅如此，从例子中我们还能看到，他的梦想并不是只有浪漫主义的躯壳，还有现实主义的支撑。为了实现自己的梦想，他竟然愿意花费一年的时间去做准备，这并不是每个人都能办到的。很多人可能在准备的中途就放弃了，因为牵扯的精力太多，要做的事情也太烦琐。

可是，为了实现自己的梦想，郑盛一直没有放弃。在花费了大量的时间、精力做准备后，他终于正式开启了自己的旅程。这一路上，他吃了很多苦，但始终坚持着自己前进的脚步。

在旅途中，每天早晨，他都会发一条微博，好让朋友们知道自己没在荒野的夜里被狼吃掉。在能借宿当地居民家的情况下，他绝不会去住旅馆。点菜时，也只点菜单上最便宜的那一个，省下路费万一有危急事件可应急。

这一路上，他从上海到伦敦穿越了 11 个国家，什么恶劣的天气都遇到过，什么难走的道路都经历过。甚至还生过病、被打劫过，还在墓地睡过觉。最后，经过 136 天的时间，他终于到达了伦敦的大本钟下，这是他为自己设定的终点。

后来，当他回忆这次旅行时曾说："虽然路上经历了很多艰难，但也认识了很多朋友，见过了很多美景。"除此之外，他还表示自己现在还年轻，所以梦想绝不会停歇。下一次，他想要组建一支探险队去南极。他还出了一本书，目的就是告诉所有年轻人，只有积极行动，你的梦想才有实现的可能。这本书的名字叫

“我的青春在路上”。

是啊，趁着我们还年轻，何不赶快行动起来，如果只是将梦想珍藏在自己的心里，那它何时才能实现呢？别说什么“早晚有一天”，这“早晚有一天”无限拖延下去，就永远没有实现的可能了。

梦想不去做，那就只是空想。就算你有一百个空想，也抵不过一个实际行动。

年轻的日子那么美好，可以让我们尽情做梦。可是，你所有的梦有多少变成了现实？你想在工作中取得好成绩，却从不肯多加一会儿的班。你想充实自己的头脑，却连简单的阅读都做不到。你想减掉身上的赘肉，却连一点儿运动都坚持不下来……你所有的愿望都仅限于在头脑中想想，不但辜负了年轻的大好时光，也辜负了自己。

人的一生时间有限，为何要让自己活得毫无乐趣呢？与其总是在那儿空怀幻想，不如逼自己一把，拼命努力一回。如果你总是让自己被生活逼迫着前行，你就永远不会知道自己究竟能做到什么地步。

你要“准备”到什么时候？

每个人的一生都可以分为很多阶段，每个阶段都有很多事情可做，怎么忙也忙不完，怎么理也理不清。所以，有些人的一生永远处于一种“准备”的状态中，等我准备好了就去旅行，等我准备好了就结婚，等我准备好了就开始……可是这种“准备好了”

根本就是一种理想型的状态。因为很多事你不开始做，你就根本不知道它该准备什么。无论是工作，还是生活，都是如此。

“明日复明日，明日何其多。我生待明日，万事成蹉跎。”如果我们一味地等待下去，宝贵的时间就在无意中白白浪费了。

央视经常播放一则公益广告，广告上一个年轻的妈妈对正在上学的孩子说：“等你考上大学，妈妈就享福了。”孩子一天天长大，大学毕业时妈妈说：“等你找到工作，妈妈就享福了。”儿子找到了好工作，妈妈又说：“等你结了婚有了孩子，妈妈就享福了。”儿子结了婚，孩子也一天天长大，此时的妈妈已经白发苍苍，小小的孙女看着年迈的奶奶说：“奶奶，等我长大了，你就享福了。”

这则广告看得人内心酸楚，父母的一生都在为我们操劳，我们却为了自己的工作、生活不停地奔波，能真正陪在他们身边的日子真的很少。我们总是想：“等我这件事忙完了，再去陪他们。”可是，忙完一件事还有另一件事，我们在工作和生活中疲于奔命，只能将尽孝的事一拖再拖。

直到某一天，再也没有尽孝的机会了，这时我们才意识到，原来自己亏欠了父母那么多，我们的爱还没来得及告诉他们，却再也没机会说出口了。

无论是子女对父母，还是父母对子女，只要我们心中有爱，那就立即行动，大声地告诉他们。千万不要等到没有机会时，徒留遗憾。

罗纳德·威尔逊·里根是美国第40任总统，同时也是一位著名的演说家和演员。在他的演说和表演中，他曾对很多人都说过“我爱你”，但唯独对自己的儿子，他从没这样说过。因为这个原因，他的儿子甚至觉得父亲对自己的感情也许并不深厚。

可事实上，父亲哪儿有不爱儿子的。当里根知道儿子的想法后，心里十分内疚，但他想："再等等吧，等我不那么忙了，或者不需要再承担这样的责任了，我就多陪陪我的儿子，让他知道我有多爱他。"

然而，当这位父亲终于卸下了自己肩上的重任，意外却发生了。他突然患上了阿尔茨海默症，也就是老年痴呆。他的头脑越来越不清楚，很多事似乎都在不知不觉中遗忘了。更有甚者，他已经连自己的儿子都认不出来了，更别提告诉他自己有多爱他了。

每次见到儿子，他只会咧着嘴傻笑，并且告诉旁边的人，这就是那个经常拥抱他的人。

无论是在我们的生活中，还是在我们的工作上，最怕的就是"来不及"。生活中"来不及"，我们就会留下里根总统那样的遗憾。工作上"来不及"，我们就会总处于慌乱中，很难有所成就。

在做事时，很多人都喜欢一拖再拖。他们总能为自己找到各种借口，例如"我先去做点别的"或者"等我吃完饭再干吧"，因为这些借口，他们很难真正的付诸行动。很多工作最后不得不在仓促间完成，或者干脆选择放弃。这样的人要想取得成功，几乎是不可能的。

当我们想要做某事时，其实最好的方式就是"马上行动"。虽然中国讲究"万事三思而后行"，但有时候考虑得太多，只会让借口乘虚而入，让你越来越丧失行动的勇气。

有一次，沃尔特·B.皮特金在好莱坞时，有一位年轻的支持者向他提出了一个电影投资方案，这个方案十分大胆，很有建设性。在场的大部分人都觉得可以考虑看看，至于最后能不能做，还要看仔细考虑后的结果。

正当大家热烈地讨论时，皮特金拿起电话向华尔街拍出了一封电报。在电报中，他将年轻人的方案陈述清楚，并表达了自己希望马上能将此方案付诸行动的意愿。于是，只是通过一个电报，一个一千万美元的电影投资就立项了。

看见皮特金的作为，很多人发出质疑，他们认为这一项目涉及的金额太大。皮特金这么轻易地下了决定，显然过于草率了。但皮特金却说："既然大家都觉得这个方案可行，那为何不马上行动呢？如果非要把这个方案讨论来讨论去，最后很可能就流产了。与其那样，不如立即行动，在行动的过程中再根据现实情况进行不断地调整和改进。"

很多时候，正是因为我们无法"马上去做"，所以才给了自己拖延的借口。事实上，与其在拖延中浪费时间，不如马上行动，在行动的过程中随时改进自己的计划。千万不要非得等到"万事俱备"才行动，那样你就永远没有开始的一天了。

只有"马上去做"，我们才不会给借口可乘之机。要想有所成功，我们必须把想法付诸实践。如果只是一味地顾忌这个顾忌那个，最后很可能一事无成。

一个人能否成功，这和他的态度有很大关系。就算你面前是条通向成功的笔直大道，如果你只站在原地等待，或者一再拖延迈出的脚步，依旧到达不了终点。相反，就算成功的道路十分曲折，但只要你能迈开脚步，勇往直前，总有高举胜利桂冠的一天。

人生就是在不停地取舍，如果马上去做，我们成功的机会有一半，如果一味地等待或拖延，那就一丝成功的可能性都没有了。

最重要的，是迈出第一步

曾经有段时间，特别流行一句话，叫“让我们趁着年轻，尽情去折腾吧”！其实，所谓的“折腾”就是一种勇于尝试的表现。

很多人不愿意尝试是因为觉得自己不具备那个能力。可是我们别忘了，能力并非与生俱来，都是在不断地尝试中积累起来的。例如我们刚出生时，既不会说话也不会走路，只能挥舞着小手用哭声来表达自己的不满。但随着时间的流逝，我们不断揣测模仿他人的做法，最后不也学会说话和走路了吗？

列宁说：“要想学会游泳，你就必须先下水。”这个道理浅显易懂，它告诉我们，只有勇敢地迈出第一步，你才有成功的可能。如果你想学游泳，却不敢下水，那就只能在岸边羡慕别人。如果你连迈出第一步的勇气都没有，又怎么能期待接下来的成功？

俗话说“万事开头难”，讲的就是尝试的不易。尝试的过程无疑是痛苦的，因为你会面临一些全然陌生的东西。可如果我们因此就放弃尝试，安于现状，那就只能永远困在原地。

一个池塘中生活着几条鳄鱼，炎热的夏日来临，池塘的水就快干涸了。

面对这种情形，鳄鱼们虽然着急，但却无计可施。只有一条小鳄鱼打算动身去寻找新的水源，当它劝导其他鳄鱼和它一起走时，其他鳄鱼却不愿意动。它们认为即便是最近的水源，恐怕也要走很远，到时候还没等找到，自己可能就已经渴死了。而且，它们周围到底还有没有其他水源，这个谁也不能确定。

迫不得已之下，小鳄鱼只得独自动身。

在它走后不久，池塘的水全部干涸了。一些强壮的大鳄鱼为了活命，开始吞噬身边的同类。即便如此，最后依然没有坚持多久，所有鳄鱼都渴死了。

至于那条出走的小鳄鱼，它的勇敢得到了上天的眷顾。在跋涉了几天后，它在干旱的大地上成功地找到了一块绿洲。

小鳄鱼敢于尝试，所以成功地拯救了自己的生命。大鳄鱼们害怕改变、安于现状，所以最终难逃丧生干渴的厄运。

我们在工作和生活中千万不要像大鳄鱼们那样，因为惧怕改变而不愿意尝试。就比如说换工作，有些人明知新环境可能会带给自己更多机会，依然会因为害怕改变而犹豫不决。

还有一些人不敢尝试是因为他们害怕被别人拒绝。

美国的《黑人文摘》在1943年创办之初，并不被人看好。这本杂志的创办人约翰逊为了扩大发行量,决定撰写一系列文章，主题是“假如我是黑人”。他想利用这些文章来呼吁大家关注黑人的处境，希望大家可以把自己摆在黑人的位置上，对黑人的生存环境进行设身处地的着想。

为了增加文章的号召力，同时为这本杂志做宣传，他打算给罗斯福总统的夫人埃利诺写一封信，请求她来写第一篇文章。

说干就干，他给总统夫人寄去了一封信，言辞非常诚恳热切。很快，他就收到了总统夫人的回信，不过她在信里表示，自己很忙，并没有时间写什么文章。

总统夫人的拒绝让约翰逊不太好受，但他转念一想，如果自己现在就放弃的话，《黑人文摘》就很难引起大家的关注了。于是，他鼓起勇气，再次给总统夫人写了一封信。

然而，这次得到的答案和上次没什么区别。不过这种拒绝反而激起了约翰逊的斗志，从那以后，每隔半个月，他就会给总统夫人写一封信，言辞十分恳切。

不知写了多少封信后，约翰逊终于等来了一个合适的机会。当时约翰逊正居住在芝加哥市，而不久之后，因为公事，总统夫人恰好会在芝加哥逗留两天。

得知这个消息的约翰逊欣喜若狂，立即发了一封电报给她，恳请她能在芝加哥逗留期间为《黑人文摘》写篇文章。幸运的是，这一次，他的诚心终于打动了总统夫人。没过多久，总统夫人就把自己的想法写成文章寄给了他。

总统夫人为《黑人文摘》写文章的消息迅速席卷全国，这本原本销量只有每月两万份的杂志在一个月内一下子增长到了每月15万份。

正是因为不怕拒绝，一次又一次地尝试，约翰逊才获得了成功。如果他在埃利诺夫人第一次或是第二次拒绝时就选择了放弃，那就不会有之后驰名世界的《黑人文摘》了。

纵观古今中外，凡是有所成就者，无不具备勇于尝试的精神。爱迪生为了找到合适的材料做灯丝，对6000多种材料反复试验，共尝试了8000多次。还有研制出炸药的诺贝尔，发明了第一架飞机的莱特兄弟……他们所取得的伟大成就，哪一项不是勇于尝试的结果？

可以说，尝试就是开拓，社会的发展离不开勇于尝试的精神。

在卡夫卡的作品《在法的门前》中，讲述了这样一个故事：

一个乡下人来到法的门前，请求守门人让他进去。可是守门人不同意，并且告诉他："如果你非得进去，那不妨试试。但是你要知道，每个大厅都有守门人，我只是最低级的那个。越往里走，守门人也就越厉害。就算是我，仅仅是面对第三个大厅的守门人，我都会害怕。"

按照乡下人原本的预想，法的大门应该是永远敞开的，什么时候想要进去就什么时候进去。守门人说的困难完全超出了他的意料之外。即便现在大门敞开着，他也不敢进去，只能在门口不停地探头向里看。

偶尔，他也会瞄一眼严肃的守门人，每当看见他威严的表情时，他就会想："再等一会儿，如果他允许了，我再进去。"后来，守门人拿出一个小凳子递给乡下人，乡下人就在守门人旁边坐着，等着他的应允。

每隔一段时间，乡下人就会询问守门人能否让他进去，但守门人始终没有松口。日子一天天过去，乡下人始终在门口等着，眼睛总是紧盯着守门人。似乎在他眼里，他进入法的大门的唯一阻碍就是第一个守门人，其他的守门人早已被他遗忘了。

最后，已经变成老人的他再也看不清什么了，这时他不禁疑惑道："为什么这么多年只有我自己来这儿呢？不是所有人都在努力到达法的面前吗？为何这么多年我没有见过其他人呢？"

在他临死之前，守门人终于给了他答案，原来这扇大门就是专门为他而设的，其他人是进不去的。可是现在他要死了，所以守门人也要将大门关上了。

终其一生，这个乡下人也没敢迈出第一步，最后郁郁而终。

其实，人生就是一次次尝试的过程。每一次成功的开端都是一种尝试，如果不敢尝试，只愿意在原地徘徊，又何来成功呢？

行动力强，才能抓住机会

世上不是没有好运，但好运有很大的偶然性，我们不能拿自己的一生去赌。与其整天想着撞大运，不如努力抓住身边的机会。

1850 年，美国西部发现了大片金矿，于是，一场浩浩荡荡的淘金热就此掀起。家境贫困的李维·施特劳斯也是这些人中的一员。可是到了地方后，李维发现自己把一切想得太简单了。淘金的人太多了，要想发财哪里是那么容易的。人们每天在地里挖啊挖，与其说是在淘金，不如说是在等着撞大运。

淘金的地方十分偏远，买生活用品十分不方便。李维发现了这点，于是，立即放弃了淘金，转而开始倒卖各种生活用品。他乘着船，从市集上买来很多日用品，还有搭帐篷的帆布等。日用品和其他东西很快就卖光了，唯独剩下了帆布。

有一天，一位淘金者来他这儿买东西，李维赶紧上前推销自己的帆布。可是淘金者说："我已经有帐篷了，要帆布也没有用，不过要是有像帐篷那样耐磨结实的裤子就好了。为了分拣矿砂，我每天都要在地上跪着，裤子总是穿不了多久就会被磨破。"听见这话，李维脑中灵光一闪，心想为什么不把这些结实的帆布做成裤子呢？于是，他说干就干，将所有剩下的帆布都做成了裤子。

没想到，这种结实的裤子一出现，立即大受欢迎。工人们都称呼它为“李维氏工装裤”。

世界上第一条“牛仔裤”就这样诞生了，西部牛仔和淘金者们都很喜欢这种裤子，李维接到了大量的订单。于是，他果断地成立了公司，这个公司正是日后著名品牌“Levi’s”的雏形。

萧伯纳说：“在这个社会上取得成功的人，都是那些善于抓住机会的人。如果没有机会可抓，他们就自己创造机会。”

无论对谁来说，机会都是很重要的，因为抓住了机会，就意味着我们有可能改善自己的生活。然而在我们的生活中，总有一些人，即便机会到了眼前，他也抓不住。

戴尔·卡耐基在《人性的弱点》一书中就曾说过：我们多数人的毛病是，当机会朝我们冲奔过来时，我们仍然兀自闭着眼睛，很少有人能够去追寻自己的机会，甚至在绊倒时，还不能看见它。这句话让我想起一则寓言：

以前，因为一场大风雨，一位虔诚的基督教徒被困到了一座荒岛上。于是，他开始不停地向上帝祈祷。

这时，海边来了一艘船，他没有上船，继续在那儿祈祷。又过了一会儿，天上飞来一架飞机，他依旧继续祈祷，视而不见。

死后的他来到天堂，愤怒地质问上帝，为何他这么虔诚却没有得到救赎呢？上帝说：我已经派出小船和飞机去救你了，是你自己对机会视而不见。

人们抓不住机会的原因有很多，有的是因为惰性和习惯，有的是因为害怕失败和冒险，还有的是因为安于现状，不想改变。

一般情况下，伴随机会而来的还有风险和挑战，那些没有足够勇气的人，自然抓不住。只有那些勇于挑战和不畏困难的人才能抓住机遇，让自己的人生实现质的飞跃。机会从来都是留给有准备的人，那些整天只知道吃喝玩乐的人，就算给他机会，他也驾驭不了。例如：同样上大学的两个人，前者用四年时间阅读上百本书，学会两种外语。后者四年来不是逃课就是睡觉，上课稀里糊涂，考试次次挂科。当有好的工作机会，前者自然能够抓住不放，努力实现自己的目标。后者就算给他一个好职位，他也没有能力胜任。

2011 年，在山东电视台《我是大明星》海选的济宁赛区出现了一个人，他穿着一件破旧的军大衣，戴着破旧的帽子，手握话筒，紧张得直哆嗦。

无论是评委还是观众，都不看好他。可是，随着他一张嘴，电视剧《三国演义》的主题曲《滚滚长江东逝水》的歌声传出后，全场都震惊了。就这样，“大衣哥”朱之文一炮而红。

后来，他还登上了中央电视台《星光大道》的舞台，坐上了月冠军的宝座。并在 2011 年 12 月 19 日，参加《星光大道》年度总决赛，获得第五名。2012 年，更是登上中央电视台龙年春晚的舞台，以一首《我要回家》感动了无数华人。

很多人都觉得朱之文幸运，得到了好机会，但却忽略了他背后的努力。他之所以能抓住机会技惊四座，是因为在此之前他已经准备了整整三十年。

从小，朱之文的嗓门儿就大，爱唱歌，村里人都称他为“三大嘴”。在他 11 岁时，父亲生病去世了，这对原本就困难的家来说，无疑是雪上加霜。迫不得已，朱之文只好辍学回家，帮母亲干活儿。

家里条件不好，他自然无法接受正规的声乐训练。不仅如此，在学习唱歌的过程中，朱之文还遇到了很大的困难，因为他只有小学二年级的文化程度，很多字根本不认识，更别提看得懂曲谱了。所以，国产电影、电视剧的主题曲、插曲成了他学习音乐的主要途径。例如《冰山上的来客》《戴手铐的旅客》等，都是他一遍又一遍看着电影学会的。

朱之文是地地道道的农民，平时靠种地和打零工维持生计，全家年收入只有 5000 元左右，而且还要照顾两个年幼的孩子。但即便如此，朱之文也没有放弃唱歌，无论是田间地头还是河边树林，都能看到他练歌的身影。直到 2011 年，《我是大明星》举行济宁赛区的海选，朱之文怀着忐忑的心情报了名，从此开始了自己的音乐人生。

无论何事，我们都要比他人早做准备。这样我们就能更早地进入状态，更早地找到方法，更早地付诸行动，也就能更早地取得成功。只有随时做好准备，当机会来临时，我们才不会错过。无论哪个领域，机会总是愿意光顾那些有准备的人。

07 >> 勤奋不能盲目，必须选对方向

方向不对，再努力都无济于事

在清华大学毕业典礼上，校长送给毕业生一句话："未来的世界，方向比努力重要。"

两只蚂蚁想翻越一段墙去享用墙那头的食物，这段墙又高又长。其中一只蚂蚁当机立断地向上爬去，可是每次爬到一半，它都会因为疲惫掉下来。但它始终不气馁，屡败屡战，每次掉下来调整一下，又会继续向上爬。

至于另一只蚂蚁，并没有急切地去爬墙。它观察了一会儿后，决定从墙的旁边绕过去。它沿着墙根儿顺着一个方向前行，在不远处找到了一个缺口，顺利地从那儿钻到了墙的另一头，爬到食物面前开始享用起来。

第一只蚂蚁坚持不懈，屡败屡战，这种精神固然可贵，但我们必须认清一个事实，那就是如果方向不对，再怎么努力都无济于事。

你是否会经常反问自己，我的一生算是努力吧？在工作中，我任劳任怨。在学习中，我也勤勤恳恳。那为何直到现在，我还

一事无成呢？此时，你是否才意识到是自己的方向出了问题。虽然你很努力，但如果方向错了，你的努力不过是白费劲儿。

成功的人大多都善于把握方向，这是他们的一个共性。无论做何事，在行动之前，他们都会先看清方向。因为他们非常明白，只要方向错了，一切的努力都没有意义。

以前看过一个笑话，非常有意思：

有一天，动物园的管理员们发现袋鼠从笼子里跑了出来，于是，大家议论纷纷，不知道是怎么回事。

这时，一个管理员说："应该是笼子太低了，它从笼子里跳出来的。"大家想想觉得有理，于是，决定把笼子从两米加高到三米。然而，第二天，袋鼠还是跑到了外面来。于是，大家把笼子又加高到四米。可即便这样，依然没有作用。第三天，袋鼠还是在笼子外。于是，气愤的管理员们打算直接把笼子加高到十米。

后来有一天，长颈鹿和袋鼠们聊天儿，"你们觉得，他们还会不会继续加高你们的笼子？"

"这可说不准，"袋鼠说，"如果他们继续忘记关门的话！"

很多人看了这个故事都会莞尔一笑，但实际上，现在的很多年轻人和故事中的管理员们差不多，虽然一直在努力，但因为没有找到真正的方向，最后的结果只能是南辕北辙。

上天在大多数情况下都是公平的，但有一种努力却不会得到它的回报，就是那种没有明确方向地瞎努力。要知道，我们之所以努力并不是为了证明自己努力，而是为了更好的生活。只有向着明确的目标，以一种积极的态度不断前进，我们的生活才会不断提高。

窦薇薇决定在大学期间利用周末去校外做些兼职。一是，减轻家里负担；二是，锻炼自己的能力。

她的第一份工作是在一家咖啡馆当服务员，她在那里认识了另一个女孩——小莉。小莉家境贫寒，要打好几份工来养活自己，每天都忙得脚不沾地，看起来非常疲惫。她在咖啡馆的工作是刷碗盘，每次客人少时，窦薇薇都会去帮她，渐渐地，两人也变成了好朋友。

有一次，窦薇薇说她打算去考个初级会计证，这样以后更好找工作，问她要不要一起。小莉却说："考那东西有什么用，有学习那个的时间我还不如多打几份儿工呢。"

后来，窦薇薇还邀请她一起去考个驾照，或者学学英语。但无一例外，都被小莉拒绝了，她认为窦薇薇就是爱瞎折腾，她已经够忙的了，才没有那么多时间干这些呢。

窦薇薇有些不解，难道学习一项技能，不是为了找更好的工作挣更多的钱吗？

在这期间，窦薇薇也做过其他兼职，每次都有新东西可学。在咖啡馆兼职，她就学怎么辨别咖啡品种；在酒吧兼职，她就学怎么调酒；在饭店兼职，她就学怎么做几个好吃的小菜……每次兼职都能让她学到新的技能，但是小莉却始终都没变过，就连那双手也因为长期刷盘子洗碗而变得异常粗糙。

是啊，单看小莉的那双手，没人能否定她的努力，可是她的努力却总有一种消极的味道，似乎一切都是生活所迫，她不得不如此。她好像根本没有什么明确的方向，也不知道自己的努力到底是为了什么。

在工作中，我们经常看到一些人“两眼一睁，忙到熄灯”。表面看来，他们非常勤奋和努力，每天都疲于奔命。但事实上，有多少人早已忘记了最开始出发时的方向。每天都忙忙碌碌，没有计划也没有方向，最后不但搞得自己筋疲力尽，往往还一事无成。

一群人在赶路，看上去行色匆匆。忽然有个人停了下来，这让旁边的人十分诧异。于是，他问道：“你怎么了，为什么不往前走了呢？”停下的那人微微一笑，开口答道：“没什么，走得太快了，灵魂落在了后面，我要等等它。”

这个小故事饱含深意，当我们忙着匆匆向前时，你是否在意过你的灵魂是否跟了上来？如果走得太快，你是否早已忘记，最初时，自己到底是为何出发的？

在一次演讲中，著名节目主持人杨澜曾讲过这样一段经历：在2000年时，她在香港创办了阳光卫视，并为此付出了很大努力，就算在怀孕时，依然坚持工作，到处去和人家进行商业谈判。但没想到的是，就算她如此努力，但事业并没有取得预期的成功。反而因为和现有市场规则不符，最终遭遇了巨大的失败。这件事使杨澜明白了一个道理：如果一开始企业的定位和方向就不对，即便再如何努力，最后也不会成功。

当然，并不是说只有成功才证明我们的努力有价值。如果我们找到了正确的方向，并为此积极努力，就算最后结果不尽如人意，我们心里依然不会有遗憾。可如果从一开始方向就错了，自己又为此浪费了大量的时间和精力，那无论是谁，心里恐怕都会悔恨不已。

最好的方向，是做自己爱做的事

获得成功和快乐的秘诀是什么？答案很简单，就是做自己爱做的事。

通向成功的道路不止一条，与其在一条你不喜欢的路上苦苦挣扎，不如努力选择一条自己喜欢的路。

胡适是我国著名的学者、诗人，曾担任过国立北京大学的校长，是新文化革命的领袖之一。在 1939 年时，还曾获得诺贝尔文学奖的提名。

可是，当年胡适刚考上官费留学时，他的哥哥却交代他说：“现在家道中落，为了重整门楣，你还是学一些比较好找工作的专业吧，例如学习开矿或者造铁路。至于文学或哲学那类无用的学科，你还是不要选了。”

虽然当时胡适答应了哥哥的要求，但无论是开矿，还是造铁路，都不是他的兴趣所在。而且对这两方面，他也确实一窍不通。最后，迫不得已之下，他决定采用一个折中的方法，选择农学，这个学科的实用性也可以。

于是，他花费了一年时间来学习农学。虽然这一年的学习成绩还可以，但他对这方面实在没多少兴趣，所以最后犹豫良久，他还是决定重新挑选学科，选择自己最喜欢的文学和哲学。就这样，在中国的近代史上，多了一位伟大的文人和哲学家。

如果胡适一直听从哥哥的话，中国未必会多出一位优秀的铁路家或农学家，但肯定会少了一位杰出的文人。

都说“条条大路通罗马”，其实人生也是如此，有太多的路可以选择，多得甚至让你迷失自己。有些路会更顺畅一些，但不一定适合你。这时，我们最该做的就是听从自己的内心，选择自己喜欢的那条。

只有面对喜欢的事时，人们才更愿意去做好它，也更容易取得一些成就。

台湾著名作家龙应台曾对自己的孩子说过：“假如说，横在你眼前的选择是到华尔街做银行经理，或者到动物园做狮子、河马的管理员，而你是一个喜欢动物研究的人，我就完全不认为做银行经理比较有成就，或者做狮子、河马的管理员很平庸。每天为钱的数字起伏而紧张地斗争，很可能还不如每天给大象洗澡，给河马刷牙。”

比尔·盖茨也曾说：“做自己喜欢和善于做的事，上帝也会助你走向成功。”

美国的纽约州有个普通的老奶奶——摩西奶奶，她用自己传奇的一生告诉人们一个道理：做你喜欢做的事，从现在开始。

摩西奶奶去世时已经101岁，她一共给世界留下了1600多幅画作。半个世纪以来，她的画作从美国传播到了全世界。她还登上过《时代》《生活》杂志的封面，作品在MoMA展览，被大都会博物馆和白宫收藏，个人展览从美国开到巴黎、伦敦。摩西奶奶逝世之后，美国邮政特地为她发行邮票。

在摩西奶奶年轻时，她只是一个普通的农妇。每天辛勤地操持家务，照顾孩子。她开始学习画画时已经76岁，那时她得了严重的关节炎，已经不能再做什么活儿。虽然她从没受过什么正规的训练，但她的画作中充满了对美的热爱。她画农夫抱柴生火时的情景，她画孩子们玩耍的样子。

在1960年她100岁时，收到了一位日本年轻人的来信。这个年轻人在信里表达了自己的困扰，他现在是位医生，虽然收入可观，但并非他的兴趣所在，他真正的理想是成为一名作家。在信里，他询问摩西奶奶，是否该放弃现在稳定的工作，去追求自己的理想。

这封信引起了摩西奶奶的兴趣，她给这位年轻人回了一张明信片，上面画着一座谷仓，写着这样一句话：做你喜欢做的事，上帝会高兴地帮你打开成功之门，哪怕你现在已经80岁了。

后来，这张明信片在华盛顿国立女性艺术博物馆内展出，它的收藏者正是日本著名作家渡边淳一。

摩西奶奶还曾说过："我的开心并不是因为自己画的画不断被卖出，而是因为我能做自己喜欢的事，这对于我而言才是最重要的。我在刺绣时，是因为我喜欢才去做的；我在给孙女、孙子讲故事时，是因为喜欢看到他们天真烂漫的笑容才去做的；我在厨房忙碌时，是因为家人可以吃到美味的食物才去做的。如果我画的画没有人看，一幅都卖不出去，我也还是会继续画的。和孙女、孙子玩耍之后，我会画出他们顽皮时的模样；一场大雨过后，我会画出地平线朦胧的彩云；在每一个令我心动的瞬间，都值得我去记录这一切。孩子们，不要畏惧未知的明天，找到自己喜欢做的事情，并且为此而坚持下去，就会从中获得乐趣，那么人生自然是美好而愉悦的。"

在她写给自己孩子的百岁感言中有这样一段话："一生当中，

最幸运的就是能找到自己喜欢的事情。无须计较后果，因为全身心地投入就是最大收获。年轻人来信，说自己迷茫困惑，犹豫是否要放弃稳定工作而去做自己喜欢的事情？一个人的一生，能找到自己喜欢的事情去做，是多么幸运。有自己真正的兴趣，才能生活得有趣，才能成为一个有意思的人。当你不计功利地全身心做一件事情时，投入的愉悦、成就感，就是你最大的收获与褒奖。就像写作是写作的目的，绘画是绘画的赞赏。今年我已经有一百岁了，当我回首往事，我的一生就像只有一天一样，这一天我是尽力让自己开心、满足的，我并不知道怎样生活会更美好。就我而言，我能做的便是尽我的全力去接纳生活赋予我的，让每一个当下都完好无损。不要因为自己内心的迷茫而感到忧虑，慢慢地，只要你能找到自己喜欢做的事，无论选择什么时候开始，都不会太晚。”

直到暮年，摩西奶奶才发现自己杰出的艺术天分，她开始作画时已经 76 岁，举办她人生的第一次个人画展时已经 80 岁。但那又有什么关系呢，只要我们能找到自己真正喜欢做的事，什么时候都不算晚。对一个真正有追求的人来说，“现在”就是最恰当的时候。

听从自己的内心，不要犹豫

韩丽丽大学毕业后开始找工作，将准备好的简历投递给各大公司后，开始在家等消息。虽然她心里有点儿忐忑，但并没多少担心，因为她在大学里学的是人力资源管理，工作并没有多难找，而且她的成绩一直不错，除了没有工作经验外，各方面都比较优秀。

果然，没过多久，她就收到一家公司的面试通知。这家公司的规模虽然不算大，但待遇不错，他们正在招聘人力资源助理。

韩丽丽心里十分高兴，为了第二天的面试，特意去买了一套职业装。可是没想到，第二天还没等她出门，又有一家公司给她打来了电话，请她下午去面试。这是一家培训机构，招的培训专员。韩丽丽欣然应允，因为她一直非常喜欢人力资源中的培训工作。

她算了算时间，上午参加第一个面试。下午参加第二个面试，两者时间并没有冲突。

这一天下来，韩丽丽自我感觉不错，她能看得出来，两家公司对她似乎都很满意。果然，两天后，两家公司先后通知她面试合格，希望她尽快来上班。

然而没想到的是，这下可让韩丽丽犯了难，她还没想好到底选哪一个呢。第一家公司的待遇好，但第二家公司的工作是她喜欢的，她犹豫良久也拿不定主意。最后只好给两家公司打电话说，希望可以给她几天时间考虑一下。

三天后，她终于做出了决定，选择第二家公司，毕竟能做自己喜欢的事才是最重要的。可是，当她给第二家公司打电话询问什么时候上班时，管理人员却告诉她不用来了，他们几天前急用人，她的名额已经被另一个小伙子顶上了。

放下电话的韩丽丽又赶紧打给第一家，没想到第一家同样告诉她没法聘用她了，因为她好几天没有消息，他们以为她不来了，只好重新聘用了另一个人。

我们不禁为韩丽丽可惜，选择权原本在她手中，但因为总是犹豫不决，最后她彻底丧失了选择的机会。其实，在选择时，我们根本没必要考虑那么多，只要听从自己的内心就可以了。

只有听从了自己的内心，我们才会知道自己真正想要什么；只有听从了自己的内心，我们才能果断地抓住机会；只有听从了自己的内心，在遇到艰难时，我们才有坚持下去的勇气；只有听从了自己的内心，在意外失败时，我们才不会后悔。

我们的一生会面临很多选择，但真正能听从内心，果断做出选择的却很少。大多数时候，我们都会犹豫不决，之所以会这样很可能是因为自己太贪心。

一头驴的面前有两堆草，当它想吃左边那堆时，觉得右边那堆看起来更可口。于是，它跑到右边草堆那儿，可这时，它又觉得左边那堆看起来更有营养。于是，它又跑回左边那堆。但等跑回去后它又发现，还是右边那堆好。就这样，它一直在两堆草中间跑来跑去，始终无法决定该选择哪堆，最后竟然活活饿死了。

这头驴之所以会饿死，和它的贪心有很大关系。正是因为觉得两堆草都好，它都想要，所以才一直做不成选择。如果我们也像这头驴一样，在面对选择时太贪心，想将所有东西都据为己有，最后很可能同样会得不偿失。

除了太过贪心外，在选择时犹豫不决还可能是因为顾虑得太多。有些人在面对选择时生怕自己选错，害怕承担错误选择带来的糟糕后果，所以往往会三思不够，再三思。这样一来，造成的结果就是，常常会因为犹豫得太久而错失了选择的机会。

1944 年，在艾森豪威尔的指挥下，英美联军正准备横渡英吉利海峡，登陆于法国诺曼底，开启对德国的另一阶段战争。这次登陆非常重要，美国和英国已经在这场战役中投入了太多的人力和物力。

然而，让所有人没想到的是，当所有东西都已经准备妥当、整装待发时，英吉利海峡突然风云变色，海上掀起了惊涛骇浪。迫不得已之下，数千艘战舰只好撤退回海湾暂避风头。

接连四天，海上狂风巨浪，大雨倾盆，数十万士兵都被困在岸边，进退两难。士兵人数众多，每天都会消耗大量的物资，但大雨依旧迟迟不停，这让艾森豪威尔非常苦恼。

有一天，正当他苦苦思索对策时，气象专家送来最新消息，他们搜集的资料中显示，三个小时后，大雨会停止，天气会好转。

艾森豪威尔十分高兴，他知道这绝对是个好机会，敌人做梦都想不到他们会大雨刚停就去偷袭。不过转念一想，他又担忧起来，万一天气预报的不准呢，如果在天气不好的情况下贸然出兵，很可能会在大海上全军覆没。

艾森豪威尔想了想，还是决定果断出兵，他在日志中写道："我决定此时此地发动进攻，是根据所得到的最好的情报做出的决定……如果事后有人谴责这次行动或追究责任，那么，一切责任应该由我一人承担。"

写完后，他立马向海、陆、空三军下达命令，三个小时后，立即横渡英吉利海峡，登陆诺曼底。

值得庆幸的是，天气预报十分准确，三个小时后，大雨果然停了，海面恢复了平静，英美联军顺利地从诺曼底登陆，掌握了战争胜利的关键。

试想一下，如果当时艾森豪威尔在面临选择时也犹豫不决，结果会如何呢？他们很可能会错过最佳的登陆时间,更严重一些，还可能延误战机，导致战争失败。

纵观我国历史，在面对选择时犹豫不决的大有人在，在这些人中，最后取得成功的少之又少。

例如，历史上的楚汉之争，鸿门宴上项羽犹豫不决，最后只落得个乌江自刎的惨败结局；著名的官渡之战，袁绍以多对少，十万精兵对阵曹操三万多人，虽然人数悬殊大，足可取胜，但却因袁绍刚愎自用，做事犹豫不决，最终一败涂地；还有空城计，诸葛亮之所以会成功,就是因为司马懿的猜疑不定、优柔寡断……

透过这些事实，我们不难看出一个道理，那就是犹豫不决是成功的大敌。

既然是成功的大敌，我们就要努力地去克服它：

首先，我们也要培养自己果断的性格。这种果断指的是一种谋略决策，是通过对客观情况的充分估计、认真研究而产生的。

其次，我们要把握机会，适时做出决定。

最后，当我们对某项事进行思考时，还要在内心强化它的要害，并立即付诸行动。

很多时候，我们都想考虑周全再做决断，但往往天不遂人愿。无论什么事，要想找到万全之策都是不可能的。一味地犹豫不决，事情不见得就会变好，所以，还不如干脆利落地抓住机会，听从自己的内心，果断做出选择，这样一来，说不定反而会有意想不到的收获。

大的选择，必须目光长远

有个年轻人向一位商人请教如何能获得和他一样的成功。商人没有说话，反而拿出三个西红柿摆在年轻人面前。三个西红柿都很新鲜，但大小不等。一个最大，一个中等，还有一个最小。商人问年轻人：“如果每个西红柿都代表一定程度的利益，你选哪个？”年轻人不假思索地答道：“我当然会选最大的。”

听见年轻人的回答，商人笑了笑，然后把最大的西红柿递给了年轻人让他吃掉。至于他自己，却拿起最小的那个吃了起来。因为西红柿很小，所以商人很快就吃完了。这时，他又拿起那个中等的吃了起来。而此时，年轻人手中最大的那个西红柿只吃了一半。

最后，商人看着年轻人说：“这下你明白了吗？我之所以会成功就是因为我的目光不短浅。虽然眼前巨大的利益很诱人，但有时候适当的放弃是为了得到长远的大利。这就是我的成功之道。”

有句话说得好：“你能看多远，你就能走多远。”一个目光短浅的人终究难成大器。因为他看来看去，也只有鼻尖底下的那一点儿地方。

目光短浅的袁世凯卖国求荣，只为满足自己的私欲。却不知皮之不存，毛将焉附？所以最后不仅没有复辟成功，反而让自己落得一身骂名。同样目光短浅的还有张伯伦，他是“二战”前的英国首相。在面对法西斯势力时，他选择了屈服，只为求得一时的和平。结果没想到，到头来不仅希特勒没念他的好，还害得整个英国都卷入了战争。

目光短浅的人往往只看眼前，对于长远利益不加理会。他们总是走一步看一步，因此在面对困难时，很可能措手不及。所以也就很难处理好。俗话说“人无远虑，必有近忧”就是这么个道理。

在《事业革命》一书中，美国作家唐·多曼说：“把眼光放长远是踏上成功之路的秘诀。”

年轻人要想成大事，就必须把目光放长远。如果没有这种能力，别说大事，恐怕连小事都做不成。因为把目光放在远处，才能有大志向。有了大志向，才能有大决心。有了大决心，才能有大动作。有了大动作，才能取得大成功。

2015年1月，胡润研究院发布2015年胡润点金圣手榜，盛大创始人陈天桥以170亿元位列第二。

1994年，陈天桥毕业于复旦大学经济学专业。毕业后，他的同学们纷纷选择人人艳羡的外企，但陈天桥却选择了一家国企。当时，没有人知道他是怎么想的，但没过多久，事实就证明了他的选择没错。当时的国企求贤若渴，所以进入其中的陈天桥得到了很多机会，仅用了3年，他就已经成为上海陆家嘴集团的总经理助理，创下了当时的提拔纪录。

1999年，陈天桥从国企跳槽，进入了一家证券公司工作。正是在这段时间里，他将自己打游戏的爱好和刚接触的互联网联系在了一起。后来，创建了一个社区游戏网站。最开始时，这个网站并不被人看好，但没过多久，它的火爆程度超过了所有人的预期。

网站的成功让陈天桥很高兴，但并没有出乎他的预料，他一直认为这份成功是理所当然的。后来，他成功地获得了中华网300万美元的投资，但此时陈天桥已经意识到，这种顺势而上的成功无法再来一次。

此时，IT泡沫破灭，大部分互联网站已经没有了昔日的风光。陈天桥决定对公司的盈利方式加以改变，不再靠单个网站和简单的休闲游戏来赚钱，而是打算利用全国的网吧推广“多人角色扮演”的游戏，这种游戏在日韩非常流行。通过韩国Actoz公司，他拿到了《传奇》的代理权，并与中国电信及全国网吧联合，一起向玩家推荐此款游戏。

从这款游戏开始，陈天桥的财富传奇正式开启。

1999年时，他以50万元启动资金和20名员工为基础，创立了盛大网络有限责任公司。到了2004年，盛大网络公司在纳斯达克上市，他凭借65%的公司股份坐拥88亿人民币的财富。

陈天桥的成功离不开他长远的目光，如果没有长远的目光，他大学毕业时就不会选择国企；如果没有长远的目光，他就不会投资网络游戏；如果没有长远的目光，他就不能及时改变公司的盈利方式，积极引进日韩游戏。

如果一个人具备了长远的目光，他就不会只顾眼前利益。

2015年，华为集团以2881.97亿元的营收位居中国民营企业500强的第二名。任正非作为华为技术有限公司的创始人和总裁，在2011年就曾被《财富》杂志评为“中国最具影响力的商界领袖”，他位居榜首，并在同年以11亿美元首次进入福布斯富豪榜。

在多年以前，华为公司每年都会招聘很多大学应届毕业生。可因为是系统外就业，所以，华为公司就需要为大学生们交纳一定数额的教育费。

如果这些学生都能为华为公司所用，这笔钱交的自然值得。然而，却有很多大学生违约，最后选择了其他公司。

按理来说，对于这些违约的学生，华为公司完全有理由要求他们返还这笔费用，但华为公司并没有这样做。因为任正非认为，这个钱是值得出的，这是对社会和教育事业做的贡献。

在其他的一些公司，在帮这些大学生缴纳这笔费用之前，通常会签订一份详细的文件,表明双方的责任和义务。一旦对方违约，公司完全有理由提出起诉。可是，在华为公司，并没有要求学生们签署这样的卖身契。显然，这么重要的事不可能是被华为公司忽略了，它们之所以这样做是出于一种更长远的考虑。

那些违约的学生因为此事肯定会对华为心怀愧疚，再加上华为没有追究他们的责任，肯定会对华为抱有一份好感。这样一来，无论是华为想要再招收人才，还是想扩大宣传，都是有利无害的。如果有些人违约了还心安理得，那肯定是品性有问题，华为显然也不需要这样的人。

正是因为有了这种长远的目光，任正非才能带领华为发展壮大。

一个人如果只会“算小账”，只顾眼前利益，无论什么都斤斤计较，只要付出了，就立马要求回报，这样的人多半没有大发展。只有将眼光放得长远些，才能在未来取得最大利益。无论是领导企业，还是经营人生，道理都是一样的。谁笑到最后，谁才笑得最好。

“穷则变，变则通”

种子落在地上，长成树苗后就不能再随意挪动，一动就很难成活。但人比植物高级得多，人是有头脑的，在遇到事情时，可以灵活处理。如果一种方法行不通，那就换另一种方法，不一定非要一条路走到黑。如果面前是万丈悬崖，你也要一意孤行，非得掉下去才甘心吗?

《易经》里说：“穷则变，变则通，通则久。”意思是说一件事情发展到极限就要寻求改变，只有改变了，以后的发展才会通达，只有通达了，才能长久地发展下去。古人对这句话进行总结，将“变”、“通”两个字摘出来，合在一起即为“变通”。意思是说在遇到事情时，不要死钻牛角尖，要学会灵活应对。

三国时的曹操“割发代首”，体现的就是一种变通的智慧。

有一次，在出征途中，曹操率军经过麦田。他对众将士下令道：“不得践踏庄稼，否则一律斩首。”于是，除了曹操，所有将士都下马步行，仔细地避开沿途的麦苗。旁边的老百姓看见，没有不称颂的。

突然，麦田里飞起了一只鸟，曹操座下的马猛然受惊，一下子冲进麦田里，踏坏了一片庄稼。将马稳住后，曹操立即叫来随行官员，要求他治自己践踏庄稼的罪行。官员惶恐道：“您是丞相，怎么敢给您治罪呢？”曹操回答说：“是我亲口下的命令，如果连我自己都不遵守，还有谁愿意遵守呢？一个不守信用的人要如何统领千军万马？”说着抽出腰间的佩剑就要自刎，身边的人连忙阻拦。

这时，大臣郭嘉上前说道：“古书《春秋》上说，法不加于尊。丞相统领大军，重任在身，怎么能自杀呢？”

曹操听见这话沉思了很久，然后说道：“既然《春秋》上说‘法不加于尊’，我又担负着重任，那就先免去一死吧。不过我不能说话不算话，犯了错怎么也要受罚。既然我的脑袋还有用，那就割掉我的头发以示惩戒吧。”说完，就用手里的剑割断了自己的头发，并且传令三军说：“丞相践踏麦田，本应斩首示众，但因肩负重责，现割发以代首。”将士们听后更加尊重自己的统帅，再也没有出现过不遵守命令的行为。

曹操身为魏国丞相，如果不懂得变通，在自己触犯命令的情况下，他只有两个选择。要么坚持依法执行，将自己处死。要么罔顾自己的命令，假装什么事都没发生。无论哪种方法，对曹操都十分不利。前者会让他丧命，再没有实现自己宏图霸业的机会。后者会让他在士兵面前威信全无，以后的命令很难得到良好地执行。但曹操不愧是一代枭雄，十分懂得随机应变，竟然想出了“割发代首”的方法，既保住了性命也树立了威信。

如果想知道一个人有没有能力，其中一方面就要看他在处理问题时能否随机应变。只有放弃那些无意义的固执，学会变通，我们才能更好地解决问题。

美国一位著名学者曾做过一个实验。他准备了一个玻璃瓶，然后将瓶子放平，把瓶口封闭，只在瓶颈处弄出来一道小缝。同时，还将瓶口和瓶底分别对着光亮和昏暗的地方。接着他捉来一只苍蝇和一只蜜蜂，将它们一起放进了瓶子里。结果他发现，勤劳的蜜蜂永远冲着光亮处冲刺，最后活活累死了。而苍蝇一开始满瓶子乱飞，最后竟然从裂缝处成功逃脱了。

当我们面对不确定的环境时，最该做的不是一味地朝着既定的方向努力，而应该在随机应变中寻找逃生的路。执着可以推动人生的进程，这一点我们并不否认。但我们要知道，这个世界是多变的，与其有序地衰亡，不如灵活地行动。

有人问，香蕉应该从哪头吃起？答案很简单，就是两头都可以。这就好像我们的人生，无论是选择执着到底，还是选择灵活变通，都没什么不对。这不过是两种不同的人生态度，无所谓谁好，也无所谓谁坏。只不过，如果我们想要取得成功，就不能单纯地执着于其中一项。只有两者相辅相成，才能发挥更大的作用。

无论何事，只要我们能保持积极的心态，在思考问题时多换几个角度，最后肯定会找到解决问题的办法。

反之，如果我们太固执，对一件事总是坚持非黑即白的原则，那生活就会少了很多可能性。如果生活是一条大道，向着固定的目标笔直前行固然没什么不好，但有时偶尔转个弯，也会看到不一样的风景。

如果郑渊洁固执地坚持投稿赚钱的老路，那很可能就不会有《童话大王》一刊了。正是因为他懂得变通，所以中国多了一位童话大师。美国华人李政道在实验物理学中几乎没有取得任何成就，如果他继续故步自封，就很难在物理研究上真正有所建树。正是因为他懂得总结经验，灵活变通，转投理论物理的怀抱，才使自己最终摘得了诺贝尔物理学奖的桂冠。

种种事实都说明一个道理，当我们在一条路上走不通时，大可以换个方向再次出发，很可能会收获“柳暗花明又一村”的惊喜。

人生一世，没有什么是一成不变的。如果我们一味地固执于老路，很可能会费尽气力也一事无成。学会变通，不仅可以让我们节省一些力气，也可以让我们少走些弯路。

适当后退，换个方向使劲儿

当我们遇到问题时，努力寻求解决的办法，绞尽脑汁，废寝忘食，这种精神固然可贵。但有时候，只知道低着头拼命向前冲，最后很可能会撞得头破血流。反倒不如抬起头看看，向后退一步，看看自己是不是把劲儿用在了错误的方向上。

有位富翁得了绝症，即将不久于人世。可他的独生子正在远方求学，他很怕在儿子还没赶回来时，自己已经死了。如果那样，自己的财产恐怕就会被仆人侵占，留下的遗嘱也有被篡改的危险。

这该怎么办呢？将仆人遣散吗？可是，生病的自己还需要人来照顾。富翁苦苦思索了一夜，终于想出一个好办法。他写下了这样一份遗嘱：“我的儿子只可以从我的财产中选择一样，其余的都归我的仆人。”写完后，他把遗嘱交给仆人，并对他说：“等我死后，你就拿着这份遗嘱去见我的儿子，让他从我所有的财产中选择一样，剩下的就都归你了。”

立完遗嘱后没多久，富翁就去世了。仆人果然遵照富翁的吩咐，拿着遗嘱高高兴兴地去找富翁的儿子。富翁的儿子刚看到遗嘱时十分不解，但很快就明白了父亲的用意，他想了想后对仆人说道：“我只选择一样，那就是你。”就这样，聪明的儿子如愿获得了父亲所有的财产。

我们可以试想一下，如果富翁没有采用这种以退为进的方法，而是以说教、威胁等手段对付仆人，那结果会如何呢？恐怕在他死后，仆人会立即拿着他的财产逃之夭夭。正是因为富翁懂得绕开风险，另辟蹊径，先给仆人一点儿甜头稳住他，换一条途径表达遗嘱，他的财产最后才如愿到了自己儿子的手中。

在我们的现实生活中，很多问题也是如此。一定要抓住问题的本质，条条大路通罗马，与其在有风险的道路上呕心沥血，不如后退一步，看清问题的本质之后，选择一条恰当、巧妙的途径，这样发力才有效。

以退为进，避开障碍，迂回解决问题，这是中国文化非常擅长的。南北朝时的布袋和尚曾作一首《插秧诗》来规劝世人：“手把青秧插满田，低头便是水中天，身心清净方为道，退步原来是向前。”

年轻的我们在做事时总是急于向前、横冲直撞，冲劲儿有余，智慧不足。我们常常会忽略，有时后退也是一种前进，有时绕道走是最智慧的选择。懂得后退一步看，会让我们的人生机会更多。

无论是道家讲究的“无为而治”，还是儒家的中庸之道，都告诉我们做事不能激进。如果总是莽撞向前，很可能会跌得头破血流，倒不如静下心来后退一步，没准儿反而事半功倍。

孙膑是我国古代著名的军事家，当他初到魏国时，为了证实他是否像传言中的那样有才华，魏王故意刁难他说："我现在坐在王座上，你有什么方法能让我主动下来吗？"

这时，庞涓提议道："如果在王座底下生堆火，大王肯定会下来的。"

魏王听后答道："这个方法不行。"

孙膑想了想说："如果大王坐在王座上，我是没办法让您自愿下来的。但如果大王是站在王座下面，我却有办法让您自愿坐上去。"

眼见刁难住了孙膑，魏王十分得意，于是说道："那就按你说的来。"然后主动从王座上走了下来，同时还说道，"我倒要看看你有何方法，能让我自愿坐上去。"

这时，周围的大臣们也开始窃窃私语，认为孙膑不过浪得虚名罢了。可是，孙膑却忽然大笑起来，然后说道："我当然没办法让大王主动坐上去，可是，我已经让大王主动从王座上下来了。"直到此时，众臣才恍然大悟，对孙膑的才华大加赞赏。

几乎不可能的问题，却迎刃而解，其关键在于孙膑勇敢地后退了一步。所谓"以退为进"，这个故事堪称典型。

成功的路绝不是一帆风顺的，我们常会面临各种各样的挫折和困境。不畏艰难、勇往直前的精神固然值得提倡，但我们不能忽略，客观世界是多变的，在某些特定的时间或环境下，以退为进也不失为一种积极的策略，并非消极的避让。

例如很多明星在面对丑闻时，无论证据多么充足，往往选择死鸭子嘴硬，拒不承认。最后不仅让自己声名狼藉，同时也失去了人们对他的信任。其实，如果他们肯后退一步，不要在"嘴硬"

方面下功夫，而是想想该怎样承认错误，以及承认错误之后该做些什么挽回形象，往往会收到意想不到的效果，甚至反而给自己的形象加分。虽然认错可能会失去一些人的拥护，但“人非圣贤，孰能无过”？相信更多人会选择理解，同时也会为你敢于承担责任的行为点赞。

美国总统肯尼迪当年参选美国参议员时，在最关键时刻，竞争对手抓住了他的一个大把柄——在学生时代时，肯尼迪因为欺骗被哈佛大学退学。

肯尼迪的助手们为此十分忧心，因为在政治上，这种把柄的杀伤力无疑是巨大的。只要他的对手好好利用这个把柄，肯尼迪在公众面前树立的正直、诚实的形象将大受损害，同时他的政治前途也将变得黯淡无光。

在面对这种情况时，大多数人都会选择极力否认、澄清自己。但肯尼迪却做出了一个出人意料的决定，他十分坦然地承认了自己的错误，他对民众说道：“对于曾经做过的事，我感到非常抱歉。但错了就是错了，我没什么可辩驳的。”

肯尼迪这样说几乎已经相当于放弃此次竞选。对于一个已经放弃抵抗的人，对手还要进行打压，反倒会显得自己气量狭小。而且从后来肯尼迪竞选总统时的情况来看，因为他勇于承认错误的行为，民众对他的支持率反倒上升了。因为他成功地赢得了人们的同情，让人们看到他也和普通人没什么区别，同样会犯错，但只要勇于改正，也没什么大不了的。

如果情况对我们不利，与其横冲直撞地向前，不如选择以退为进，有时反而会收获更好的效果。反正事实已经无法改变，不如放弃该放弃的，而在值得努力的地方拼尽全力，这样才有未来。就好像我们下跳棋时一样，如果你只是不断地前行，也许每次也能走上一两步，但远不如主动后退或左右迂回走得长远。这个道理十分浅显，但未必每个人都懂得。

认真的精力是有限的，必须花在恰当的地方。有的道路，当它不再值得我们投入精力，不妨果断放弃，哪怕退回原点；然后选择一个值得我们努力的方向，认真地走下去。

万事通，不如一艺精

如何用凸透镜点燃一根火柴？答案很简单，只要把凸透镜对准阳光，调整角度，让所有光都聚集在火柴头上就可以了。这就是集中的力量。

在生活和工作中，为了提高效率，总有些人企图很多事情一起做，他们将自己的精力分成很多份，一会儿做做这个，一会儿又干干那个，同时推进好几件事。然而最后的事实证明，这种方法的工作效率最为低下，更加费时费力。

每个人的精力都是有限的，将它们分散在不同的事物上，这个一点儿，那个一点儿，最后往往哪个都不能兼顾。例如有些人的兴趣十分广泛，喜欢唱歌、喜欢画画、喜欢书法、喜欢弹琴。于是，每样都去学，每样都去练，每样都废寝忘食。可到头来，往往一事无成，哪样都不精通。

鲁契亚诺·帕瓦罗蒂是意大利著名男高音歌唱家，当他还是个孩子时，并不是只有唱歌这一项爱好。除了唱歌外，他还想当老师和科学家。

有一次，他把自己的理想告诉了父亲，他的父亲想了想后对他说道："如果你想同时坐在两把椅子上，你可能会从椅子中间掉下去，生活要求你只能选一把椅子坐上去。"

这句话陪伴了帕瓦罗蒂一生，经过反复的考虑，他最终决定投身于自己最热爱的唱歌事业。并为此花费了7年去学习，获得了第一次登台演出的机会。再后来，又花费了7年，他才得以进入大都会歌剧院。当第三个7年结束后，他终于如愿以偿地成了一名歌唱家。

他曾说，如果有人问他成功的秘诀的话，他会告诉他，那就是你只能选定一把椅子。

与其每件事都只会一点儿皮毛，不如集中精力做好一件事，"只选定一把椅子。"

在工作中，很多人不可谓不努力，他们经常加班加点，但收效甚微。这可能就是因为他们在工作中没有用心的关系，也就是说他们并没有集中自己的精力去做一件事。如果在处理当前事务时，头脑中考虑的是其他事情，自然会事倍功半。

"一次只做一件事。"这是大多数成功人士的行事准则。一个人一生的精力有限，与其勉强兼顾很多事，不如专心致志地做好一件事。当你将一件事做到极致时，哪怕是件简单的事，同样是一种伟大的成功。

在日本，有一家叫哈德洛克工业株式会社的小公司，全公司只有45个人。他们只生产一样东西——螺母，即便是很多科技水平发达的国家，例如美国、英国、澳大利亚等，都向其订购小小的螺母。

哈德洛克公司生产的螺母号称“永不松动”，按常理来说，螺母松动是很平常的事，但对一些重要项目来说，松动的螺母会带来致命的危险。例如高速行驶的列车，一旦使用的螺母因为与铁轨长期的摩擦震动而松动脱落，车上的旅客就将面临很大的危险。所以，很多铁路公司都在寻找永不松动的螺母，哈德洛克公司成了他们最好的选择，同时也是唯一的选择。

若林克彦是哈德洛克公司的创始人，当他还是个公司小职员时，在大阪举行国际工业产品展会上看到一种防回旋的螺母，他带回来一些做研究，结果发现这些螺母又复杂又贵，还容易松动。于是，他萌生了一个愿望，想要制造更简单、更便宜、更牢固的螺母。从那以后，他果真投入全部精力开始从事对螺母的研究。没过多久，他就研究出了用板簧卡住螺丝钉螺纹的U螺母，这种螺母要比他之前看到的那种用不锈钢钢丝做卡子的螺母更加牢固。

1962年，若林克彦与人合伙创建了富士精密制作所，他花费了两年时间让自己研制的螺母得到了市场的认可，并随后打出了“永远不会松动的螺母”的广告，广告效果很好，公司业绩飞速增长。

然而，没过多久，他们开始逐渐收到一些客户的投诉，原来装配在挖掘机和打桩机上的U螺母因为震动太大而出现了松动的现象，这和他们的广告词并不相符。

不过公司内部对这种投诉并不重视，他们觉得那只是一句广告词而已。可是，若林克彦却不这么认为，他觉得既然已经向公众做出了承诺，就一定要实现。可是，他的固执并没有得到合伙人的认可，迫不得已之下，他只好离开了公司，并带走了U螺母的专利。

离开公司后，若林克彦再次将全部精力都投入到了对螺母的研究中，怎样生产出永不松动的螺母呢？他冥思苦想，却一直没有办法解决这个难题。直到1973年年底，有一天，他从住吉大社路过,在抬头看到入口处广告牌的瞬间突然想到了一个好办法，为何不在螺母中增加榫头试试呢？

说干就干，他回去后立即在螺母中加入了榫头，这样制造出的螺母果然不会松动。不过这种螺母结构复杂，成本也较市面上的其他同类螺母要高，所以，销售价格也比其他螺母高出了30%，因此，销量并不可观。可即便如此，若林克彦依旧不放弃，在公司没有销售额时,他甚至去兼职其他工作来维持公司的运转。

其实，在若林克彦苦苦支撑的同时，日本很多铁路公司也在苦苦寻觅，希望可以找到一款永不松动的螺母。后来，机缘巧合之下，他们得知了哈德洛克公司，再确定这家公司生产的螺母真的不会松动后，与之展开了长久的合作。

现在，哈德洛克公司不仅在日本，甚至已经在全世界都得到了广泛应用。很多国家的铁路、吊桥、海洋钻探机上使用的都是这种螺母。

后来，哈德洛克螺母的成功引起很多人的觊觎，他们纷纷对其进行效仿，若林克彦也大方地在公司网站上发布了Hard Lock螺母的设计图纸,并仔细讲解了Hard Lock螺母的原理和制作过程。可即便如此，依然没有人能生产出和哈德洛克效果一样的螺母。

为什么会这样呢？哈德洛克工业株式会社在网站是这么说的：“本公司常年积累的独特技术和诀窍，对不同的尺寸和材质有不同的对应偏芯量，这是哈德洛克螺母无法被模仿的关键所在。”

若林克彦一生只做了一件事，就是不断地对螺母进行研究和改进。因此，他得以积累无数经验技术，最后成功地制造出了永不松动的螺母。

专注于一件事，说起来简单，但却是种考验，是对恒心和毅力的考验。一个人如果在某方面取得了非凡的成就，那必定是因为他曾在这方面投入全部的精力，并坚持不懈地努力过。

08 >> 选对方向的前提，是认清自己

谨防让“别人家的孩子”压灭自己

身在中国家庭，大多数人从小就有一个宿敌，叫“别人家的孩子”。这个“孩子”几乎是完美的化身，不但学习好，而且才艺佳。次次考试第一，年年成绩优秀。不但有好工作，还家务厨艺样样精通。

他最常出现的地方就是我们父母的口中，我们常听到这样的训斥：“你看看那谁家的小谁，你要有人家一半好，我也省心了。”时间一长，在这种比较下，我们变得越来越没自信，甚至因此丧失了前进的动力，认为自己所有的努力都是徒劳，无论如何都比不上人家。

李林深受“别人家孩子”的毒害，这个“别人家的孩子”不是别人，正是他表哥。从小到大，无论是在父母眼中还是在老师眼中，无论是学习成绩还是脾气性格，他表哥都比他优秀得多。所以当他妈教训他时，总是不忘拿他表哥说事。

后来他和表哥先后升上高中，表哥一如既往的是老师和父母眼中的好孩子。李林倒也不甘落后，凭借叛逆的性格和各种稀奇古怪的造型，倒也勉强算是学校的风云人物。

高中毕业时，他表哥不负众望考上了个名牌大学，而他只是勉强考了个普通本科。一整个暑假，他的耳根子就没清净过，似乎这一次考试就已经预示着他以后注定一事无成。

不过也正是因为那次暑假，反而激起了他的斗志，因为他觉得自己很不甘心，凭什么因为一次考试就说他永远都不如他表哥。所以，当正式迈入大学校门后，他一反平时放浪形骸的姿态，开始努力活跃在各个社团中，有时间就泡在图书馆攻读各种平面设计的书籍。他脑袋活，创意多，每次设计出来什么东西就寄给各大创意公司。所以，当他毕业时，已经在这方面小有名气，成功地被一家著名设计公司录取了。

至于他的表哥，虽也在另一家著名公司供职，但挣的也没比他多到哪儿去。

后来，一个朋友揶揄他说："这下在你表哥面前扬眉吐气了吧？"他们原以为按照李林的个性，肯定要大肆自夸一番。结果没想到，他难得正经地说道："在我二十岁以前，一直不喜欢我表哥，无论做什么事，都巴不得他倒霉。可是现在，我却不会那样想了。其实，我能理解父母的苦心，他们夸赞别人家的孩子是为了激励我们。不过现实情况往往适得其反，因为他们总是说别人家的孩子多么好，结果因为这种比较，很多人不但不能奋发图强，反而会变得越来越自卑，认为自己再如何努力也没有用了。我就有过这种感受，虽然我在父母面前故意表现得十分叛逆，可一见了我表哥，我却总觉得自惭形秽，觉得自己这一辈子可能都赶不上他了。既然这样，那我还努力个什么劲儿啊。所以有一阵子，我特别消极。不过好在后来我想通了，其实，我根本没必要非得和他比，我的努力应该是为了我自己。"

李林的话引来朋友们的一阵调笑，竟然还装上思想家了。不过不得不承认，他说的话还是有一定道理的。确实有很多人因为“别人家的孩子”变得越来越自卑，总觉得在别人面前矮了一头，甚至因此不愿意再拼搏向前。因为他们总是认为，无论自己再如何努力，终究比不上“别人家的孩子”。

一个人一旦有这种消极的自卑心理，再想让他积极主动地向前就很难了。不知不觉中，他就会将自己全盘否定，即便工作中做出什么成绩，他也会对自己充满怀疑。

1962 年的诺贝尔医学奖被颁给了莫里斯·威尔金斯、弗朗西斯·克里克和杰姆斯·沃森，他们提出的 DNA 双螺旋结构的假说标志着生物时代的开端。

然而，随着这个奖项的颁布，有很多人为英国女科学家罗沙琳德·弗兰克林感到惋惜，因为这一伟大的荣誉原本应该属于她。

早在 1951 年，通过自己拍摄的极为清晰的 DNA（脱氧核酸）的 X 射线衍射照片，她就已经发现了 DNA 的螺旋结构，甚至还曾为此举行过一次报告会。可是，没过多久，这一假说却被她放弃了。因为这位生性自卑多疑的科学家总是对自己的论点充满怀疑，她并不敢确定它们是否真的可靠。所以，她最终只能与这一伟大的荣誉失之交臂。

从女科学家罗沙琳德·弗兰克林的经历中，我们不难看出，一个总是对自身充满怀疑的人要想获得成功十分困难。当别人为了创造出的成绩大声欢呼时，她却在心里自言自语说：“这是我干的吗？我根本没那个能力，既然我没那个能力，得出的这个结论肯定不准确。”正是这种消极的自我暗示让罗沙琳德·弗兰克林放弃了自己的结论，在成功的大门外面转身后退。

除了阻挡我们前进的脚步，让我们很难获得成功外，自卑还可能威胁我们的身体健康。一个长期自卑的人大脑皮层总是处于抑制状态，绝少有欢乐和愉快的良性刺激转换，中枢系统比较麻木。这样一来，身体的各项功能都无法得到很好的协调，也就无法发挥各自的作用。与此同时，内分泌系统的功能也会失去常态，有害的激素随着分泌增多，免疫系统功能和抗病功能都会下降。因此，自卑的人很容易出现焦虑、乏力、食欲不振、反应迟钝、记忆力减退等症状。

所以，无论是为了我们的身体健康，还是为了让我们能更积极地向前、更好地取得成功，都应该努力克服这种自卑心理:

首先，我们在评价自己时，应该尽量保持客观，不应过高但也不能过低，更不应该以“别人家的孩子”为衡量标准。要知道“别人家的孩子”并没有什么可怕的，也许某一时刻，在其他人那里，我们也是那个“别人家的孩子”。

其次，当我们对自己的能力产生怀疑时，可以努力回忆自己过去成功的经历，这样有助于提高我们的自信心。

再次，为了证明自己的价值，我们应该积极行动起来。无论何事，如果光想不做，那就不可能成功。所以，我们要努力地将自己的想法付诸实践。每一次行动的成功都有利于我们更好地建立自信心、克服自卑感。

最后，将自己的长处和短处写在纸上，然后用客观的眼光去看待它们。既不自欺欺人，也不看得过于严重。长处无疑会提高我们的自信，短处也能提醒我们应该弥补哪方面的不足。而且在评价自己时尽力避免使用那些什么“我不行”、“我做不到”之类的消极用语。这类用语除了摧毁你的自信心，毫无益处。你应该多说一些肯定句，例如“我一定做得到”、“没什么能难得倒我”。

如果我们想为自己创造一个美好的明天，那就必须克服自卑心理，别让它成为你前进路上的绊脚石。只有克服自卑心理，我们才能更积极自信地面对人生。只有克服自卑心理，我们才能更积极努力地为明天拼搏奋进。

坚持自我，不盲从

英国有句谚语说：“一个人不听劝告不好，但若听任何劝告，则是一千倍的不好。”

一个人如果不听别人的劝告，就很容易故步自封、难以取得进步。一个人如果谁的劝告都听，就会盲目跟从别人，丧失自我。

有位年轻人刚刚辞了工作，打算用自己这几年攒下的积蓄创业。他考察了很多项目，最后发现还是餐饮业比较好发展。于是，他打算自己出钱，开一个饭庄。

说干就干，没过多久，饭庄建成了，虽然没有多大，但装修精致，菜品也不少。然而，3个月过去了，饭庄的生意并不好。沮丧的年轻人向朋友诉苦，朋友一边安慰他，一边给他出谋划策：“现在大家请客都愿意去吃自助餐，价格实惠，想吃什么都有。像过去那样，总是一板一眼地坐在饭桌上吃饭啊，太没意思了。所以我看，你不如也把饭庄改成自助餐厅吧。”

年轻人听后觉得有理，于是回去对饭庄再次进行整修，花了不少钱，添了很多餐具和设备，店里的装潢也改了。然而，营业一段时间后，生意并没见好转。

这时，另一个朋友又给他出主意说：“现在谁还吃自助啊，大家都在追求养生，不如你弄个素菜馆吧。”

年轻人听后觉得有理，煽动父母给自己投资，把自助餐馆又改成了素菜馆。结果，试营业了几个月之后，生意依旧惨淡。

后来，朋友又说：“干脆改成快餐店吧，现在生活节奏快，很多人吃饭都会选择快餐店，既方便又省时间。”年轻人觉得这个主意不错，于是，赶紧回家管父母要钱。这次父亲并没有支持他，反而向他问道：“你到底是怎么回事，这才一年，你那饭庄都改了三回了。把自己的钱都赔进去了不说，还要管家里要。”

年轻人答道：“我这不都是听了朋友们的建议吗，他们刚开始说自助餐比较火，后来又说素菜馆和快餐店比较受欢迎，所以我才改来改去。”

“听朋友的建议？你才是饭店的主人，怎么能老是听别人的呢，你自己的主见哪儿去了？”

父亲的话让年轻人愣住了，一直以来，他确实光听朋友们的建议了，从来没有自己的想法。想清了这点后，他回到饭庄，将自己这一年的经验分析总结，最后觉得将饭店改回饭庄，但同时在饭店里增设素菜和快餐两个区域，这样无论是需要节省时间的人，还是追求养生的人，都能在这里满足需要。

试营业几个月后，饭店生意开始渐渐好转，终于兴旺起来。

年轻人第一年的失败和他盲目听从别人的建议有很大关系，一个人如果总是听从别人的建议，就很容易丧失自我思考的能力。

现代社会科技发达，网上充斥着各种信息，如果我们盲目地跟从别人，不能做出自己的判断，很容易在其中迷失自我。

古往今来，凡是靠自身能力有所成就的人，无不是有主见的人。正是因为有主见，当他们站在人生的十字路口上时，才能结合自身，果断地做出适合自己的选择。

记得小学时学过一篇课文，《小马过河》，直到现在依然印象深刻。

马棚里住着一匹小马和它的妈妈。

有一天，妈妈对小马说："你已经长大了，能帮妈妈做点儿事吗？把这半口袋麦子驮到磨坊去吧。"

小马欢快地答应了，驮起口袋，飞快地往磨坊跑去。跑着跑着，一条小河挡住了去路，河水哗哗地流着。小马站在岸边犹豫不决，心想：我能不能过去呢？如果妈妈在身边就好了，她肯定能告诉我。

小马望望四周，看见一头老牛在河边吃草，于是，它高兴地跑过去问："牛伯伯，您说这条河，我能蹚过去吗？"老牛说："当然了，这条小河的水很浅，刚没过小腿。"

小马听了老牛的话，立刻跑到河边，准备蹚过去。这时，突然从树上跳下一只松鼠，拦住了它的去路。松鼠大叫："小马！千万别过河，你会淹死的！"小马吃惊地问："水很深吗？"松鼠认真地回答："很深！昨天，我的一个伙伴就是掉进这条河淹死的！"小马听到这样的话，赶紧收住了脚步。它叹了口气说："唉！这可怎么办呢？还是回家问问妈妈吧！"

小马急切地跑回家找到妈妈，把自己的遭遇告诉了她，妈妈听完后，说："那条河不是很浅吗？"小马说："牛伯伯也这么说，但是松鼠说河水很深，甚至还淹死过它的伙伴呢！"妈妈说："那么你自己有没有仔细想过，这条河到底是深还是浅呢？"这时，小马低下了头，说："没……没有想过。"妈妈态度和蔼地对小马说："孩子，不要只听别人说，自己一定要动脑筋去思考，那条河到底是深还是浅，你自己亲自试试就知道了。"

小马听完妈妈的教诲，重新跑到河边，尝试渡河，刚刚抬起前蹄，松鼠又大叫起来："怎么？你不要命啦？！"小马说："让我自己试试！"说完，它下了河，小心地蹚到了对岸。

原来河水既不像老牛说的那样浅，也不像松鼠说的那样深。

很多事情，只有自己试过才会真正了解，如果总是根据别人的意见来做判断，你就很可能高估或低估眼前的困难，这对我们的前进非常不利。

我们必须学会做一个有独立思想的人，凡事要有自己的主见，既不盲目听从他人的意见，也不要故意去迎合众人。

在一次模特选拔大赛上，主持人向选手们提出一个问题，说："如果让你嫁给罗斯福或希特勒，你会选择谁？"绝大多数人都选择了罗斯福，她们列举了罗斯福的很多优点，例如果断、坚强、乐观等，并不断表达自己对他的仰慕。然而，有一个女士却选择了希特勒，这让大家十分惊讶，就连她的朋友都为她担心，害怕评委们会因此认为她价值观有问题。

可是，在主持人向她求证时，她依然坚持自己的答案，并且给出了这样的解释："我并没有说错，如果我嫁给希特勒，我会用自己的爱感动他，不让他发动第二次世界大战。"

比赛的最后，这位女士获得了胜利，评委们给出的理由是："我们之所以给她冠军，并不是因为相信她的爱真能感动希特勒，而是因为在所有人都选择罗斯福时，她能坚持自己的主见，不迎合大众的想法。这一点，实在难能可贵。”

有些时候，很多人都会为了迎合大众的看法而放弃自己的主见，如果总是这样做，时间一长，你就再也听不到自己内心的声音了。

所以，努力去做个有主见的人吧！无论做什么事，我们都应该先想清楚自己究竟想干什么，想要达到什么样的目的。千万不要只懂得跟随别人的脚步，最后走歪了自己的路。

走自己的路，别人说又怎样

席慕蓉说：“人的一生应该为自己而活，应该学着喜欢自己，应该不要太在意别人怎么看我，或者别人怎么想我。”

生活中有很多人都太过在意别人的看法，就好像穿衣服一样，常常为了获得别人的认可而变来变去。

可是，这个世界上，每个人的思想、生活环境、修养、看问题的角度都不同，你的所作所为不可能得到所有人的理解。如果太过在意别人的看法，你会活得很累。

白云守端禅师跟随杨岐方会禅师学道。有一次，杨岐方会禅师问他：“听说，你以前的师父柴陵郁禅师在摔跤的时候悟了道，并且作了一首偈，你还记得吗？”

“当然记得。”白云守端禅师答道，“我记得师父是这样说的，‘我有明珠一颗，久被尘劳关锁，一朝尘尽光生，照破山河万朵’。”这是一首境界非常高的偈，在说话时，白云守端禅师的语气难免有些得意。

然而没想到的是，听了偈语的杨岐方会禅师一句话没说，只是大笑数声就离开了。

这让白云守端禅师有些摸不着头脑，他待在原地，不明白师父为何会笑。一整天他都在苦苦思索师父发笑的原因，但一直没有头绪，心里十分烦闷。到了晚上，他更是辗转反侧，怎么也睡不着。

第二天，他终于忍不住了，天刚亮就跑去敲师父的房门，见到师父后立即询问他昨天为何发笑。

听了白云守端禅师的问题，看着他因没睡觉而产生的黑眼圈，杨岐方会禅师笑得更大声了。他说：“你见过寺庙前玩把戏的小丑吗？为了博观众一笑，他们做出各种唬人的动作。观众笑得越大声，他们就越高兴。原来，你还不如一个小丑，小丑都不怕人笑，你却怕人笑。”

白云守端禅师听了若有所悟，思索片刻，终于豁然开朗。

是啊，既然知道自己没错，他人笑又怎么样？

这个世界是由很多人组成的，每个人都有自己的特色，都是独一无二的。如果我们总是因别人的评价而怀疑自己或改变自己，那就太可笑了。

著名主持人倪萍曾说：“人就要活在自己心里，为别人的评价所累的是傻瓜。”

有一次，倪萍接受媒体采访，有记者问她是否在意别人对她的评价。倪萍笑了笑，然后说：“年轻时很在意，刚到电视台的时候我才 20 多岁，报纸上表扬我一句，我能把报纸看上好几遍还不放手。但是现在，心磨啊炼啊……变硬了，如果再为这些事所累，简直是傻瓜。因为真正了解你的只有你自己！”

别人的评价从来不重要，对我们来说，最重要的是获得自己内心的认可。千万不要因为别人的话而自寻烦恼，我们应该努力活出自己，而不是别人。

1842 年 3 月，著名作家爱默生在百老汇的社会图书馆里做了一次演讲，他说：“谁说我们美国没有自己的诗篇呢？我们的诗人文豪就在这儿呢！”此时，年轻的惠特曼正坐在台下，因为这番话激动不已，他暗自发誓，一定要深入各个领域、阶层的生活，倾听大众的心声，创造出属于美国自己的诗篇。

回去后，他果然这样做了，经过不懈地努力，12 年后，惠特曼的《草叶集》问世，这本诗对美国和欧洲诗歌的发展产生了巨大影响。

此时正远在康科德的爱默生同样激动不已，他给予了这本诗集高度的评价，称它为“属于美国的诗”。虽然爱默生对这本诗的评价很高，但很多报刊却认为它一无是处，毕竟惠特曼那创新的写法、不押韵的格式，以及新颖的思想，并不是所有人都能接受的，这本诗遭到了批评家们的广泛批评和指责。所以，这本诗的销量并不高。

然而，惠特曼的热情并没有因此受到打击，他依然不放弃自己的梦想。在1855年时，他又印起了第二版，将20首新诗加入其中。后来，他在1860年时打算印发第三版，同样加入了一些新作。然而，这一次，他却遭到了爱默生的反对，爱默生认为他必须将其中几首刻画“性”的诗歌删掉，否则第三版还是不会畅销。

可是，惠特曼却坚决不同意这么做，他对爱默生表示：“在我灵魂深处，我的意念是不服从任何的束缚，而是走自己的路。《草叶集》是不会被删改的，任由它自己繁荣和枯萎吧！”

第三版《草叶集》的出版不负众望，获得了巨大的成功。不久，它便跨越了国界，传到英格兰，传到世界许多地方。

如果当初惠特曼因为大众的批评和指责选择了放弃，那就不会有第二版、第三版的《草叶集》。正是因为他能够坚持走自己的路，不被大众和他人所左右，所以最后才能实现自己的梦想，创造出属于美国自己的诗篇。

人生是自己的，千万不要因为别人的评价而影响了自己的生活。当然，他人好的意见我们可以参考，但不要被它所左右。如果我们总是因为别人的评论而怀疑自己，那将是一件既可笑又可悲的事。

别人的嘲笑，比你的梦想还珍贵吗？

“我长大了要当科学家”“我要当飞行员”“我将来会飞上太空”……还记得我们小时候这些伟大的志向吗？那时我们年纪小，头脑中对这些行业不一定有多少认识。但正因为如此，那时我们才最敢做梦，从不惧怕别人的嘲笑。

可是现在，随着年龄的增长，我们越来越在意别人的评价，甚至有可能因为别人的一句嘲笑就放弃自己的梦想。

通过春晚，我们认识了魔术师刘谦，他精彩的表演让每个人都印象深刻。

他对魔术的喜爱自他还是个孩子时就开始了。7岁那年，在一家百货公司的柜台前，刘谦看到一个导购小姐正在表演魔术，她拿出一枚硬币放在小盒子里，再用手帕把小盒子包起来，接着神奇的事情就发生了，那枚硬币竟然穿过盒子和手帕，出现在了导购小姐的手中。刘谦被深深地吸引住了，他一心想学会这个魔术，想尽办法弄懂了其中的关节。于是，他开始整天拿着硬币自己摆弄。有一次，当他正在课堂上偷偷练习时，硬币不小心滚到了讲台下。生气的老师询问他在干什么，他小心翼翼地答道："我在练习魔术，我长大要当一个魔术师。"听见他的话，全班同学都大笑起来，老师更是把他口袋里所有硬币都没收了。

回到家后，十分委屈的刘谦对爸爸说："爸爸，我说我长大了要当魔术师，但同学们都笑话我……"他的话还没说完，父亲就生气地说道："当什么魔术师，好好学习去，竟在那儿胡说八道。"然而即便父母不支持，刘谦依然沉迷在魔术的世界中。他背着父母练习，一个小动作甚至要练上千遍。他拿出自己的零用钱买了不少魔术道具，并且还与负责魔术道具专柜的汤文龙变成了朋友。

1987年，刘谦从汤文龙嘴里得到消息，知道儿童魔术大赛就要举办了。在汤文龙的鼓励下，他决定报名参赛。那次一共有200多人参加比赛，结果没想到，刘谦竟从这些人中杀出重围，一举夺魁，从国际魔术大师大卫·科波菲尔手中接过了他人生中第一个魔术比赛奖杯。

22岁那年，读大三的刘谦在一次国际魔术比赛中获得了第二名，这一次，他的父母就坐在台下看着他。他拿着奖杯冲着台下的父母深深地鞠了一躬，他终于向他们证明，他的梦想没有错。

后来，刘谦又在世界各地参加过很多次魔术表演大赛，获得过10多次国际性大奖，终于成为了真正的魔术大师。2015年时，他还受邀担任被称为“魔术界奥运”最高等级比赛——FISM（国际魔术联盟）的评委，他是此大赛史上第一位华人评委。

的确，因为太过天真或者不切实际，我们的梦想很可能受到别人的嘲笑，但如果我们因此就放弃自己的梦想，肯定会让自己抱憾终生。

如果我们有梦想，千万不要轻易放弃。就算你的梦想十分远大，那也没关系。此时我们没有能力实现它，但并不代表我们永远没有能力实现它。我们是在不断成长的，只要坚持不懈地努力，总有梦想成真的一天。

不仅如此，我们还必须明白，在看待他人的梦想时，每个人都是站在自己的立场上。对我们来说，这个梦想可能遥不可及，但并不代表他人同样无法实现。

2015年3月，NBA华裔球星林书豪受邀参加央视节目《开讲啦》，他在演讲中讲述了自己的经历：

“我是在美国长大的，在美国，一个亚裔孩子打篮球是件挺奇怪的事。我记得在小学五六年级时，我参加一场篮球比赛。那天，有个男孩恨不得将我打倒在地，他用恶毒的语气冲我骂道：‘滚回中国，你这个中国小商品。’我清楚地记得当时的感受，非常生气和难过。

“后来再大一点儿，父母希望我学钢琴，不过我对钢琴实在没什么兴趣，在征得他们的同意后，我选择打篮球，父母为此花费了大量金钱和时间来支持我。不过这一举动很快遭到身边朋友的质疑和嘲笑，包括我们社区其他亚裔孩子的父母。他们认为我们一家肯定是疯了，一个亚裔孩子竟然妄想打篮球。

“第一年去NBA的时候，我签的是金州勇士队，在那儿当斯蒂芬·库里的后补。赛季刚开始，我甚至连队服都没有。在两周的时间里，连续被裁员两次。显而易见，对我来说，这种情况十分糟糕。我花了21年打篮球，好不容易进入了NBA，但还没怎么上场就被他们裁掉了。那时，我甚至怀疑自己的梦想是否错了，我是不是根本不应该选择篮球。

“后来我到了纽约尼克斯队，情况出现了好转，那段时间我被称为‘林来疯’，因为我在赛场上的表现非常疯狂。对于那段时间的表现，连我自己也很吃惊。那时，我很庆幸没有放弃自己的梦想，虽然之前我被裁员了好几次，但好在一直没放弃。

“在之后的那个夏天，我又签了休斯敦火箭队。不过我在休斯敦火箭队的第一年过得并不好，每一场比赛，我都希望自己可以成为‘林来疯’。然而事实上，我打得并不怎么样。这让我的自信心大受打击，公众媒体也开始大肆报道，认为我不过是昙花一现。

“后来，我拼了命地努力，整个赛季都没怎么休息。实际上，那个赛季我确实打得不错。可是，因为一个失误，情势在一瞬间就急转直下，整个赛季的航线都变了，所有压力一下子都砸在了我的肩膀上。那个晚上可以说是自从我被球队裁掉后最难熬的一晚，我非常沮丧，根本不知道以后该怎么办。

“回看在休斯敦的一年，我的成绩确实下降了，但我也真实地感觉到自己变得成熟了。后来有一天凌晨，他们突然告诉我，我要去湖人队了，我简直难以置信，高兴得一塌糊涂。就算在我最疯狂的梦里，也从没想过能为湖人队打球。

“现在，我站在这里和大家分享我的故事。我想告诉大家的是，无论怎样，都坚持去做自己想做的事。就算在这过程中你会失望，会被嘲笑，但只要你不放弃，不怨天尤人，保持一份积极的心态比任何人都更努力，你就能把自己放在一个可以成功的位置上。”

我们应该向林书豪学习，别人的质疑和嘲笑声，永远不应该成为我们放弃自己梦想的理由。

在电影《当幸福来敲门》中，落魄的父亲曾对儿子说过这样一段话：如果你有梦想，那就要去捍卫它。当人们做不到一些事情的时候，他们就会对你说你也同样不行。所以如果你有梦想，那就要全力以赴。

如果有一天，我们的梦想成为现实，你就会感谢很多东西。例如那时努力的自己，那时支持我们的朋友，甚至是那些对我们梦想的嘲笑声。因为正是这些嘲笑声，才让我们有了坚定前行的勇气。

所以，就算被嘲笑，也不要放弃你的梦想。你唯一需要做的就是，努力让这份梦想成为现实，全力展现给他人看。因为总有一天你会庆幸，你没有辜负自己的执着和努力。当你再次面对那些嘲笑你的人时，你可以平静地说一声，还好我没放弃，没有变成那样庸碌的人。

你的目标，不由他人决定

很多人都喜欢将自己的愉悦寄托在外物上，例如钱财、名誉、地位、他人的认同等。因此，为了获得这种认可，他们很可能把别人的想法当作自己的目标，反而忽略了自己内心的声音。

前几天在某网站看了篇文章，颇有感触，文章的题目是“你让孩子过着‘二手人生’，还和他谈什么未来”。文章中讲的是这样一个故事：

韩晓娟读的是师范大学，通常报考这种学院的都是有着老师梦的学生。可是，在韩晓娟的同学中却有一个另类——李薇薇。

李薇薇上大学好像是为了混日子，每天逃课、打架、恋爱，反正各种坏学生干的事她都干了个遍，最后终于被学校劝退了。当韩晓娟送她去车站坐车回家时，这个女生终于开口说出了自己的故事。

原来，当老师从来不是她的梦想，她一直希望自己成为一名服装设计师。可是，她的父母都是老师，在李薇薇还是个小孩时，他们就已经为她规划好了未来，希望她长大后也能教书育人。

然而，李薇薇实在太喜欢服装设计了，所以在填报高考志愿时，她偷偷地选择了某大学的服装设计专业。可是没想到，当她结束高考，日夜盼着收到录取通知书时，等来的却是某师范大学的入学通知。这时她才发现，在填报志愿的最后一刻，她的父母帮她改正了所谓的“错误”。

李薇薇心里十分绝望，可是已经无济于事。最后只好在父母的期望下，来到了这所师范学校就读。她也曾想，也许时间长了，自己会喜欢上老师这个职业。但没想到，随着时间的推移，她对服装设计的热爱更加炽烈，而因为父母的作为，对老师这个职业反倒愈加厌恶。

后来，韩晓娟询问她以后有何打算，她想了想还是坚定地说，打算去复读一年再参加一次高考，这次一定要去学服装设计。

在这个故事中，李薇薇是被迫遵从了自己父母的意愿。可是，在现实生活中，有多少人是主动将他人的想法当成了自己的目标，尤其是我们的父母。

从我们刚出生开始，父母就是我们的人生导师。从小到大，有多少次我们都是听从了他们的意见做出的选择，甚至很多所谓的人生大事也是如此。

当然，这并不是说父母的意见就是不好的，但我们必须明白，当他们给出意见时往往是站在他们自己的角度。在他们眼中，这是为我们好。例如让我们报考某个专业是因为这个专业以后好找工作，让我们选择某个人是因为这个人条件不错，以后你不会吃苦。从小到大，这样的事不胜枚举。我们也习惯听从于他们的意见，因为我们不想让他们失望，也不想让自己“不孝”。

可是，长此以往，你还记得自己内心真正的声音吗？那个专业是你想要的吗，那个人是你喜欢的吗？如果总是让别人的想法为我们做主，那你还如何听得见自己的声音。

2011 年，在美国纽约市，有一条新建的马路被命名为“马友友路（Yo-YoMaWay）”，这是属于大提琴演奏家马友友的殊荣。不仅如此，美国总统奥巴马还亲自为他戴上了总统自由勋章，这枚勋章象征着平民最高的荣誉。

可是，在童年时期，在马友友的意识里，他一直觉得自己未来会成为一名出色的经济师。因为他的父母都是干这一行的，在华尔街做经济研究员。别的小朋友最先学会的话是“爸爸、妈妈”，可马友友最先学会的却是“一、二、三”。

因为父母的关系，他从小就和数学有着亲密的接触。在小学时，还曾多次获得数学竞赛的大奖。无论是父母老师，还是他的同学们，似乎都觉得他将来成为一名经济师是理所当然的，就连马友友自己也没觉得这有什么问题。毕竟经济师着实是一份好职业，大家都看好这一行。

直到有一天，当他放学路过一条偏僻的小路时，被一段美妙的音乐吸引住了脚步，他听见那音乐流水一般地从一座小院中流出，他站在小院门口，整个人都沉醉了。他踮起脚朝着院子里张望，结果发现原来有位老人正在院子里拉大提琴。老人的双眼闭着，一副陶醉的表情，身体也在随着音乐轻轻摆动。

这时，马友友心里忽然觉得：“如果我也能这样该多好啊！这音乐实在是太美妙了。”也就是在那一瞬间，马友友终于找到了自己真正喜欢的东西。

后来，老人发现了这个孩子，并友好地请他到家里做客。正是从老人口中，马友友了解了很多和音乐有关的故事。

自那以后，马友友对音乐的喜爱简直一发不可收拾。虽然他的父母还是让他参加各种数学培训班，但马友友再也提不起兴趣来了。他再也不想成为众人口中伟大的经济师了，他找到了自己真正的理想，那就是成为一名音乐家。

但他的父母显然不会同意他这么做，他的父母说："你必须学好数学，这样将来才能和我们一样，成为一名经济师。甚至，你应该比我们更出色，成为一名伟大的数学家也不是不可能。"可马友友这次却坚定地答道："为什么一定要我和你们走同一条路呢？在我眼里，最能让我开心的东西是音乐，而且我认为能把自己喜欢的事情做得更好，那样我会更开心！"

从那以后，马友友再也不愿意跟随别人的想法，他只愿听从自己内心的意愿。并且成功地说服了自己的父母，最后通过不懈的努力，他终于成为一名大提琴演奏家。

许多重要的交响乐团都会向他发出邀请，就连著名钢琴家伊曼纽尔·艾克斯也邀请他一起表演。在之后的很多年里，他还多次受到白宫邀请演奏音乐，多次获得"唐大卫奖"和"格莱美奖"，成了一位名震国际的音乐大师！

当奥巴马总统为他戴上勋章时，马友友曾感叹道："自己的人生只有一个主人，那就是我们自己，行走在自己铺设的人生轨迹上，一定是最开心最能取得成就的！"

就算是叶子，在这个世界上也不能找到两片完全相同的，更何况人呢？

无论是谁，既然生活在这个世界上，就要努力寻找适合自己的生存之路。要想使我们的内心得到满足，就决不能按照别人的想法而活。

记住，你有充分的权利去追逐自己内心想走的那条路，永远不要遵照他人的想法而活。别人期望你成为的样子不一定是你自己想成为的样子。你要听从自己内心的渴望，来决定自己会成为什么样的人。

不适合自己的，不要也罢

有个孩子正在家里玩儿游戏，不知怎么手卡在花瓶里拿不出来了。于是，他一边举着花瓶一边去找爸爸求助。

爸爸尝试着慢慢把他的手往出拽，试了几次，都没有成功。后来爸爸想直接把花瓶砸碎，但考虑到这个花瓶很值钱，他还是打算再用别的方法试试。如果最后实在不行，那也只能砸烂它了。

于是，他对孩子说："你把手像爸爸这样伸直，就像这样，把手指并拢在一起。然后我们再试试能不能拉出来。"

听见爸爸的话，孩子哭得更厉害，他说："爸爸，我不能那样做，因为我的手里正攥着个一美分的硬币呢。如果我把手伸直，硬币就掉下去了。"

听见孩子的回答，这位爸爸真是哭笑不得，此时也终于明白为何孩子的手会拔不出来了。

这个小故事听起来很可笑，但细细想来，其中却暗含深意。是啊，我们常常会紧抓着一些东西不放，却不知这不但不能让我们得到利益，反而会受到更大损害。所以，在必要的时候，我们应该懂得，有时舍弃也是一种智慧。

在现实生活中，很多人终其一生都在埋头苦干，但最后的结果却往往不尽如人意，之所以会这样就是因为他们选择了不适合自己的目标。如果目标错了，即便你花费了大量的时间、精力来付出努力，结果依然很难如你所愿。

康多莉扎·赖斯是美国的一个黑人小女孩，她的母亲是一名钢琴教师，受母亲的影响，她从3岁起就开始学习钢琴，4岁时，已经掌握了一些简单的曲谱，开了第一个独奏会。

一直以来，成为一名职业钢琴家都是赖斯最大的梦想。她也一直在为此付出努力，每天都会花大量的时间来练琴。16岁时，她考入了父亲所在的丹佛大学拉蒙特音乐学院学习钢琴演奏。在大学二年级和三年级之间的那个夏天，她参加了著名的阿斯本音乐节。正是在那次音乐节上，她一直以来坚持的梦想破碎了。

她在音乐节上遇见了一个只有11岁的孩子，这个孩子只要简单看一眼曲谱就能流畅地演奏出来。可如果赖斯想达到这样的弹奏水平，至少得花费一年的时间来练习。这样的对比让女孩心灰意懒，他第一次意识到自己可能不是学钢琴的料。

回到家后，女孩思考良久，终于鼓起勇气对父母说："对不起，我改变主意了，我不想再成为一名钢琴家了。"父母接受了女儿的决定，并且鼓励她重新去寻找自己的目标。

不久之后，一次国际事务课改变了赖斯的命运，那堂课的主题是列宁的继承者斯大林，主讲人是约瑟夫·克贝尔。克贝尔讲述的内容深深吸引了她，她第一次意识到"苏联政治居然那么有意思"。

19岁时，赖斯大学毕业，26岁时获得了博士学位，精通四门语言的她随后成为斯坦福大学的助教，专攻苏联的军事事务。

1987年，斯坦福大学举行了一次晚宴，赖斯在这次晚宴上发表了几句致辞，她的致辞虽然简短，但非常有特色，立即引起了曾任福特总统国家安全事务助理的布伦特·斯考克罗夫特的兴趣。从赖斯的讲话中，他发现在对苏联的看法上，他和赖斯的政治主张不谋而合。

1988 年的大选后，斯考克罗夫特成为老布什总统的国家安全事务助理，赖斯随后也被任命为国家安全委员会苏联事务司司长。再后来，当小布什刚当选为得克萨斯州州长时，老布什特意将赖斯引荐给自己的儿子。

1998 年，赖斯和小布什第二次会面，两人的话题已经转为下任总统所面对的外交情势。自那以后，赖斯果断辞去了斯坦福大学的教职，专心辅佐小布什。直至 2001 年，她终于成为美国历史上第一位黑人国家安全事务助理。并在 2005 年，顺利接替鲍威尔，成为美国第一位黑人女国务卿。

正是因为能够果断放弃不适合自己的钢琴，赖斯才找到了更适合自己的国际政治。她最后之所以能取得如此大的成就，和她能找到适合自己的目标有很大关系。

如果选择的目标不适合自己，就算我们付出再大努力，最后也可能一事无成，所以，与其在一些不适合自己的方向上浪费时间和精力，不如果断地舍弃这条路，选择一条更适合自己的路。

量力而行，并不是消极

谁不想成为比尔·盖茨呢？但有些事不是你想就可以的。成功并不具备普遍性，这是谁都不能否认的。

对我们来说，那些过于远大的目标就相当于树顶端的红苹果。看起来无比诱人，但却并不在我们力所能及的范围内。如果非要登高去摘取，很可能会摔得很重。与其冒这样的风险，不如先摘够得着的苹果。

只有先摘那些够得着的苹果，生活才不会总处在一种沮丧之中，至于那些树顶的苹果，虽然现在摘不到，但并不代表永远摘不到。

无论对于哪个指挥家来说，能成为柏林爱乐乐团的首席指挥都是梦寐以求的事，因为这个乐团向来被称为“世界第一的交响乐团”。对身为著名指挥家的西蒙·拉特尔来说，同样如此。

可是让人没想到的是，当1992年，爱乐乐团向他伸出橄榄枝时，他却果断地拒绝了，这无疑让大家十分不解。但西蒙却解释说：“这无疑是个好机会，但现在就让我担任爱乐乐团的首席指挥，我还没有那个能力。我没有把握可以带领这个乐团创造一个新高度，因为我目前还不能透彻地理解古典音乐，但爱乐乐团最擅长的却恰好是古典音乐。”

西蒙之所以选择拒绝，是因为他非常清楚，自己的能力难以胜任这一职位。正是这种量力而行，让他没有盲目地接受爱乐乐团的邀请。不过虽然他拒绝了，但并不代表他不想担此职位。

在之后的十年里，西蒙不断地努力，将自己心血都倾注在了对古典音乐的研究中，十年如一日。

十年后，他对古典音乐的研究终于震惊了世人，并且在2002年，柏林爱乐乐团再次对他发出邀请时，果断地选择了接受，终于成为该乐团的首席指挥。然后，他用事实向世人证明，他并没有辜负大家的希望，果真带领爱乐乐团又创造了一个新高度。

每个人都应该对自己有一个准确恰当的把握，对自己的能力有个正确的评估。只有这样，你才能知道什么事自己能够做到，什么事自己做不到。

曾经有一个登山爱好者立志要登上珠穆朗玛峰的峰顶，可是，当到达8000多米的地方时，他却突然止步了。后来有人问他：“差一点儿就到峰顶了，怎么突然放弃了呢？”这位登山者答道：“不是我不想登上峰顶，但8000米已经是我的极限了，这点我很清楚。其实，也没什么可遗憾的，因为我已经尽了自己最大的努力。”说着脸上露出了自豪的神情。

在我们奔向成功的路上，能够无所畏惧、勇往直前自然好，但如果现在你的能力不够，一味地挣扎向前，并不会给自己带来好结果，反而可能使你身心俱疲、丧失拼搏的激情。与其这样，不如量力而行，然后在一步一步的脚印中，循序渐进地提高自己的能力。

有位隐居山林的大师，不仅对佛道颇有研究，还精通武术。很多人慕名而来，想跟他学习一些武术方面的窍门。

这些人到达深山时，看到大师正在挑水。按人们原本的预想，大师挑水的桶一定非常大，桶里的水也肯定满满的，毕竟大师是习武之人，肯定比普通人要厉害得多。

然而，当他们看向大师的水桶时，发现和自己的预想一点儿不一样。大师肩上的两个水桶只是正常大小，而且里面的水也都没有装满，距离桶沿还有很大的距离。人们疑惑地问道：“大师，怎么不把桶装满呢？”大师答道：“挑水之道并不在于挑多，而在于挑得够用。一味贪多，适得其反。”

众人不解。

大师从这些人中挑了一个略显强壮的人，让他重新去山谷里打两桶水，而且要全部装满。那人按大师说的办，结果挑得非常吃力，走路摇摇晃晃，才走了一半，桶里的水就洒出来大半。后来，由于脚下变得湿滑，这个人干脆直接摔倒了，膝盖都破了。

这时，大师向众人解释道：“水洒了，就必须得重新回去打一桶。膝盖破了，走路都困难，能挑的水岂不是更少了？”众人接着问：“大师，那到底应该挑多少水才合适呢？”

大师指着桶上的一条线说：“这就是底线，只要水高过了这条线就超过了我的能力和需要。最开始，还需要看看这条线，后来挑得次数多了，不用看也知道该挑多少了。有了这条线就可以提醒我们，凡事量力而行，不要好高骛远。”

“那底线到底应该定多高呢？”

“我认为最开始时，底线要定得低一点儿，因为这样才容易实现，人的勇气也不会受到挫伤，反而能激发更大的热情。然后再循序渐进一点儿一点儿地提高，也就能挑得越来越多、越来越稳了。”

每个人都应该学会量力而行，在没有能力时，不要去够那些树顶端的苹果。虽然它们看起来更大更好，但如果你没有足够的实力去支撑，很可能爬得越高摔得越重。

09 >> 树立明确的目标，然后大步向前走

目标明确，才有动力

出租车在行驶的过程中，最危险的恰恰是没有乘客的时候。因为如果有乘客，出租车的司机就会全神贯注地开往乘客想要到达的目的地。但在没有乘客时，车子反而会茫然地徘徊在路上，同时司机会不停地左顾右盼，往往很难集中精力。

无论对谁来说，在没有明确目标的情况下想去成就一番事业，这都是不可能的。因为，没有明确目标，你就很难去采取实际行动，只能不停地徘徊在人生的十字路口处，茫然不知方向。

没有明确目标就相当于没有明确的前进方向，我们的梦想就会变成空谈。

正如一句英国谚语所说的那样，“对于一艘盲目航行的船来说，所有的风都是逆风。”这句话告诉我们，只有拥有明确的目标，我们的人生才能航行得更好。

拿破仑·希尔，这个名字在美国可谓家喻户晓，因为他通过对很多著名人物的采访和研究，例如罗斯福、爱迪生、福特、洛克菲勒等，建立了全新的成功学。

曾经，有个年轻人慕名而来，向希尔寻求帮助。这个青年看

起来十分聪明得体，但却对自己的人生充满迷茫，他想换一份工作，但却不知道自己该做什么。

希尔曾把他介绍给一些企业家，但最后的结果都不理想。

后来，希尔让这个青年静下心来好好想一想，自己究竟适合什么工作。如果这样还不行，那就换一种想法，想想自己十年后想成为什么样的人。

青年想了想说：“我只希望自己可以过得更好些，但具体的还没想好。”

听了这样的回答，希尔说道：“这个想法很正常，很多人都是这么想的。但这个目标太不明确了，就好像你对航空公司说‘我要一张机票’，但却没有告诉人家你究竟要去哪儿。这样一来，你根本无法买到需要的票。同样道理，如果你想让我帮你找到合适的工作，那你首先要做的必须是明确自己的目标，知道自己究竟想要干什么。”

拿破仑·希尔的话使青年大受触动，青年沉思了很久，然后满意地离开了。

我们必须先明确自己的目标，才能义无反顾地冲着它前行。

其实，现实中有很多人都是这样，总在期待着有朝一日，自己能够过上更好的生活。但是，当你询问他们如何实现这个愿望时，大多数人都很迷茫。之所以会这样就是因为他们的目标太不明确了，只有一个足够明确的目标，才有实现的可能。

相反，如果目标太过模糊，就很难有实际的计划或行动，你所有的愿望也就很难成为现实。

对一个人来说，明确的目标是他想要实现梦想的真正决心。如果你的目标足够明确，并且切实可行，那你的梦想就绝不是空想。

现代社会住房压力大，很多人都希望“有朝一日”能有一套属于自己的房子。可是“有朝一日”是几时？这个目标就不够明确，所以它实现的可能也不大。

如果我们真的希望有自己的一套房子，就应该先确定这个房子的位置，然后计算出房子的价值，并且根据现在一些外在因素的影响，估算出它几年后的价值。这样一来，我们就能明确地知道每个月我们应该攒多少钱。如果照这样行事，很可能用不了多久，这套房子就真的属于你了，而不是永远期盼着什么“有朝一日”。

如果你能明确自己想要追求的目标，那就等于做出了人生最大的选择。有了明确的目标，你就会激发创造的激情；有了明确的目标，你就能够坚定地克服困境；有了明确的目标，你就能努力地积极进取，勇往直前；有了明确的目标，你就能进一步地迈向成功。

最正确的目标，是那些适合你的

对每个人来说，最正确的目标应该是那些最适合自己的。

在现代的职场上，有很多年轻人好高骛远，总是不切实际地追求一些过高、过远的目标。当他们在现实中几经碰壁之后，往往变得灰心失望、意志消沉，甚至有可能一蹶不振。

既然如此，我们为何不把心静下来呢？对社会的发展趋势做一个分析，将自身的优势和外部环境相结合，从而定下最适合自己的人生目标。

大卫·布朗出生于1904年，是一位英国犹太人。他的父亲经营着一家小型齿轮制造厂，几十年来生意惨淡，仅仅够维持一家人的生计。

不过布朗的父亲却是个头脑清醒的人，他对自己的不成功进行了总结，认为是自己没有选好奋斗的目标，没有去做自己最擅长和熟悉的事。布朗的父亲用自己的经验教训布朗，希望他不要犯和自己一样的错误。

布朗的父亲将希望都寄托在儿子身上，他严格督促布朗读书学习，并且每逢假日，都会让布朗去齿轮厂里和工人们一起做工，培养吃苦耐劳的精神。

就这样，在父亲的教导下，布朗在工厂里磨炼了很长时间，不仅养成了艰苦奋斗的精神，还对齿轮制造的工业技术烂熟于心。在这一过程中，布朗心里已经有了自己奋斗的目标。

通过观察他发现，当时人们对汽车的使用已经十分普及。他预感到，在不久的将来，汽车大赛一定会成为一种流行的娱乐。于是，他决定利用自己在齿轮业务上积累的经验，往赛车生产这个目标上奋斗。于是，他克服重重困难成立了大卫布朗公司，为了聘请专家和技术人员搞设计，不惜花费大量金钱。

在1948年比利时举办的国际汽车大赛上，布朗的付出终于得到了回报，获得大赛冠军的“马丁”牌赛车正是来自大卫布朗的公司。从那以后，布朗的公司一举成名，订单如雪片般飞来，布朗也由此走上了成功之路。

布朗从小就在父亲的齿轮厂帮工，对齿轮制作的工艺了如指掌，这正是他的优势。同时，他还能对外部的环境加以分析，注意到当时汽车的使用已经十分普及。于是，他将二者相结合，终于制定出了最适合自己的目标。既然有了适合自己的目标，再加上艰苦奋斗的精神，又何愁不成功呢？

可是，自古以来，有很多人都在干着不适合自己的工作。他们大多成绩平平，甚至不断遭受挫败。这些人中不乏勤奋认真之徒，但最后的结果依然不大理想。之所以会这样也不难理解，因为他选择的并不是适合自己的目标，他们在这块贫瘠的土地上日夜劳作，花费了大量的时间和精力依然一事无成。然而尽管如此，他们却没有勇气改变现状，只能每天得过且过地混日子。

如果你已经从事某一职业很长时间，但依然难有寸进，那你是不是该认真想想，自己是否真的适合这条路。如果真的选错了，我们就要勇于去改变。只有这样，才能找到更适合自己的路，从而取得更大的成功。

现代社会充满竞争，谁也不愿意屈居人后。所以，我们总是希望自己的表现能够更好一些，目标能够更高一些。但我们却忘了，有时站得越高就意味着摔得越重。如果你确定的目标太高，并且不适合自己，那最后很可能只是一场徒劳的旅程。不仅搞得自己身心俱疲，最后很可能还一事无成。

在 NBA 篮球史上，“飞人”乔丹可以说是个传奇。在球场上纵横多年，依然难逢敌手。

1993 年，乔丹获得了自己职业生涯的第一个三连冠，不过这种喜悦没有持续多久，他就接到了父亲被谋杀的噩耗。后来，在新赛季训练营开始前，乔丹宣布退役，并决定转攻棒球。因为这正是他父亲的期望，他父亲一直希望他能成为一名棒球运动员。

事实上，在从 NBA 退役 4 个月后，乔丹如愿签入了 MLB 芝加哥白袜的次级球队伯明翰男爵队，正式开始了他的棒球生涯。当时，有很多人对乔丹的决定提出质疑，但乔丹却不改自信和霸气地回应道：“人们总说打不好棒球，很好，我就是要做给你们看！”

为了证明自己的实力，乔丹在训练中非常刻苦。他每天都会在6:30前到达球场，与教练沃尔特特训击打技术，直到日落后才离开。然而尽管如此，却收效甚微。就连男爵队的总经理都说：“没有人比乔丹更刻苦，他和这里其他23名球员一样，都以跻身MLB为目标。”可是在比赛中，乔丹却经常犯一些低级错误。在他的436次击球中，有114次被三振出局，在127场比赛中，他的击打率只有20.2%，本垒打仅有3次。

在结束了男爵队的赛季后，乔丹前往亚利桑那秋季联盟的斯科特戴尔蝎子队报到。在蝎子队，乔丹不得不和一批更优秀的球员展开竞争。虽然他依旧全力以赴，但他的击打率依旧不高，仅有25.2%，就连他自己都生气地称自己是全队最烂的球员。

在1994年至1995年赛季末期，乔丹的身影再次出现在NBA的赛场上，说出了那句著名的“I’m Back!”在1997年至1998年赛季，乔丹连续第3个赛季、职业生涯第10次获得得分王称号，也再次集常规赛MVP、全明星赛MVP、总决赛MVP于一身，并为芝加哥公牛队夺得了第二次三连冠。

可以说乔丹天生就适合篮球，只有在篮坛上，他才能大放异彩。至于棒球，那显然是一场错误的选择。他之所以会在棒球上落得惨败，就是因为他忽略了自身的条件，选择了不适合自己的目标。

无论是在人生的哪一个时期，我们都应该结合自身条件，选择更适合自己的目标，这样才能更好地取得成功。“乘风破浪”确实有一番豪情，但如果你不适合航海，在这方面没有一技之长，最后的结局可能是葬身海底。

俗话说“勤能补拙”，这确实没错。但从另一个角度来看，我们与其靠勤奋来弥补不足，不如从一开始就选择最适合自己的。

目标必须有可行性

你制定的目标必须有可行性，否则所有的一切都是空谈。成功者的目标普遍很大，但也绝对是切实可行的。只有那些爱做梦的人，才会不顾现实，总是制定一些虚无缥缈的目标。

如果你制定的目标过高，或者不切合实际，那很有可能在还没开始做之前就已经气馁了。所以，当你给自己制定目标时必须先确定五件事：

一、你的目标是不是清晰明确；

二、你的目标是否有办法衡量；

三、你的目标是否与你的最终目标一致；

四、你的目标是否具有适当的挑战性，但并没有过高；

五、你是否为目标规定了具体的完成日期。

如果这几点你都确定了，那你的目标就是可行的。当我们拥有一个清晰可行的目标时，我们就会知道该怎样安排自己的时间。

在我们国家里，很多人都会把自己的目标定得过大。从小老师就教育我们，要树立远大的理想。父母也对我们满含期望，希望有一天我们可以成龙、成凤。远大的目标会让人羡慕，较小的目标反倒会让人觉得胸无大志。但事实上，目标过大真的好吗？

在一条商业街上有三家裁缝店，第一家店号称是全国最好的裁缝店，第二家店号称是全世界最好的裁缝店。相比前两家，第三家店的语气要小很多，它号称是整条街最好的裁缝店。

三家店中，生意最好的是口气最小的第三家，每天都能看到店门口有排队等着裁衣服的人。其他两家，门口总是冷冷清清的。

有一天，一位旅客来到这座城市，恰好衣服被马车刮坏了，打算找个裁缝店缝补一下。他来到这条商业街，发现三家裁缝店，但只有一家门口排着长长的队，旅客不禁向门口排队的人好奇地问道："为什么你们都在这家排队，这家裁缝的手艺是不是特别好？"

排队的人看了看他答道："据说，这是这条街上最好的裁缝店，手艺确实不错。至于其他两家，我没去过，他们一个号称全国最好，一个号称世界最好，一听就是忽悠人的，不可信。"

当我们制定目标时，其实也是这个道理。如果我们把目标定得过大，不仅容易使自己受挫，而且很容易因为偏离了实际而中途夭折。所以，我们在制定目标时一定要根据现实尽量客观，这样的目标才有可行性，才不会让我们在实现的过程中感到迷茫。

那我们该如何制定一个可行的目标呢？

第一点，制定目标时，我们必须要结合自身条件和外在条件。如果你是飞鸟，那就不要计划着畅游海洋。如果你是游鱼，那就不要计划着翱翔蓝天。所有的目标必须根据我们自身的条件来决定。而且最初的目标最好是那种比较容易达成的，所需的时间和精力也不要太多。这样有助于增强我们的自信心，以便于达成更大的目标。

第二点，我们制定的目标要够准确和具体。例如"我想要获得更好的生活"，这个目标就既不准确也不具体。你打算"什么时候"实现这种"好生活"？这种"好生活"又究竟要好到什么程度？在设定目标时，我们采用的正确方法应该是这样的，我打算在某年某月某天之前，赚到多少钱，用这些钱具体去做什么，以便于改善我的生活。这样的目标就十分明确和具体，看起来可行性也更大一些。

第三点，分割你的行动计划，越小越好，这样达成目标的可能性就越大。迈一大步不容易，迈一小步却很简单。每迈出一小步，你就离自己的目标更近一点儿，你的自信心也就会增强一分。

第四点，在制定目标时，不要牵扯他人。例如我决定这个周末和小张一起去爬山。这个目标的不合适之处在于，它能否实现取决于小张是否同意和你一同前往。所以，这个目标最后是否能实现是我们不能保证的。因为我们能掌控的向来只有自己。

第五点，在制定目标时，不要有情感成分。因为我们能控制自己的行为，但我们不能控制自己的情感。你的心情好与坏会受很多因素的影响，当你心情抑郁时，你的行为也会受到影响。所以，不要制定“我要快乐地去旅行”这种有感情成分的目标。因为在旅行中，我们也不敢保证自己的心情究竟会如何。如果非要让自己感到快乐，最后往往可能适得其反。所以，在制定目标时，我们只要说“某年某月某日，我要去某地旅行”就可以了。

只有目标合理可行，我们才不至于在前行的道路上迷茫。只有目标合理可行，我们才能明确自己下一步的计划。只有目标合理可行，我们取得成功的可能性才会大一些。

要实现目标，必须制定步骤

每个人在生活中都会有自己想要实现的目标，但即便有了明确的目标，但如果没有与之相匹配的计划、步骤，这个目标的实现就会显得遥不可及。这样一来，往往会造成两种结果：第一，我们会将这个目标的实现一拖再拖，妄想某一天条件成熟，一下子全部实现，而这一天永远不会到来；第二，我们会没有计划地盲目冒进，最终因为条件有限、压力太大而失败，目标破灭。

为了避免这两种情况的发生，最好的办法就是为目标制定合理的步骤，将大目标分解成小目标，逐一实现。

1944 年某个下雨的午后，立志想成为一名探险家的 15 岁少年约翰·戈达德在自家的饭厅里写下了一生中要完成的 127 个目标，这些目标包括：去尼罗河、亚马孙河等地探险、攀登珠穆朗玛峰、乞力马扎罗山、去南北极旅游、拍摄巴西和阿根廷交界处的伊瓜苏大瀑布、重游马可·波罗和亚历山大大帝的旅行路线、学会飞行、阅读《大英百科全书》、学习法语和西班牙语以及阿拉伯语、结婚生子、体重保持在 175 磅以内、活到 21 世纪……

写完后，他将这些目标分列两排，一排是比较容易实现的，一排是看起来不太可能实现的。他将这些目标成为自己的“生命清单”，是他为自己的一生制订的计划。

接下来，在半个世纪的时间里，他一边工作，一边一个一个地完成这些目标，虽然时间、精力有限，金钱也没那么充裕，但他从来没放弃过。

他登上了 12 座世界最高的山峰，马特、阿拉拉特、乞力马扎罗、斐济、兰尼埃和大蒂顿都曾被他踩在脚下。

他重游马可·波罗的旅行路线，穿越中东、亚洲来到中国。

他是第一个探索世界上最长河流尼罗河的人，也是第一个徒步走完刚果河的人。

他一共去过 122 个国家，到访过 260 个原始部落。

他考取了民用航空飞行执照，曾驾驶过40种不同类型的飞机。

……

59岁时，约翰·戈达德已经完成了127个目标中的106个。他成了一位著名的探险家，并享有了很多荣誉，包括成为英国皇家地理协会会员和纽约探险家俱乐部成员。

约翰的目标是想成为一名探险家，为了实现这个目标，他为自己的一生制订了详细的计划，正是因为他能坚持不懈地沿着自己的计划执行下去，一个一个地实现，所以最后他成功地实现了自己的人生大目标，成为了世界著名的探险家。

当我们的目标不好达成，不妨将它详细地划分开，什么时间应该完成什么事，每一点都详细地列出来，一步一步地去完成。我们的计划制作得越具体，我们的目标就越实际，做起来也就越有条理、越轻松。

四十多年前，阿诺德·施瓦辛格只是一个普普通通的穷小子，虽然他非常贫困，身体瘦弱，但却立志长大后要当美国总统。

怎样才能实现这一志向呢？经过思考，施瓦辛格为自己拟订了这样一个计划：想要做美国总统先要做美国州长——要竞选州长必须得到雄厚的财力支持——要获得财团的支持就一定得融入财团——要融入财团就需要娶一位豪门千金——要娶一位豪门千金必须成为名人——成为名人的快速方法就是做电影明星——做电影明星前得练好身体，练出阳刚之气。

于是，他开始按照这个计划一步步实行。有一天，他看到了著名的体操运动主席库尔，这让他对练习健美产生了浓厚的兴趣。从那以后，他开始每天坚持锻炼，就这样坚持不断地过了三年，他果真成为一名健美先生。之后，他又花费了数年，让自己这个健美先生为整个欧洲乃至整个世界所认识。

22岁时，他凭借健美先生闯出的名头成功进入美国好莱坞。他在好莱坞花费了十年时间来奠定自己荧幕硬汉的形象。当他在好莱坞声名大噪时，终于获得了女友家族的认可，迎娶了和自己相恋九年的女友——肯尼迪总统的侄女。

婚后十几年，他和太太生育了四个孩子，建立了一个幸福的家庭。2003年，他告别影坛转而从政，成功竞选为美国加州州长。此时，他已经56岁了。

阿诺德·施瓦辛格的成功和他能够详细合理地制订计划有很大关系。当我们拥有一个远大的目标时，不妨学学施瓦辛格，将目标进行倒推，这样你就能清楚地明白自己每一步应该去做什么了。

没有计划的人生是迷茫的，当你抬起脚步，甚至不知道下一步该往哪个方向行进。

你是否经常听见身边的朋友说一些这样的话，“我后悔了，如果我当时能这么做，现在就会……”“真愁人，我根本不知道接下来该干什么……”“要是时间能倒流就好了，我肯定会……”……

时光当然不可能倒流，人生也没有后悔药可吃，为了避免发生这样那样的遗憾，最好的办法就是为我们的人生制订计划。

如果你能为自己的人生制订一个明确的计划，就会清楚地知道自己每一步该往哪里走，一步一步坚定地走下来，你就会离成功越来越近。

10 >> 要懂得对自己的时间做精细化管理

做事要分轻重缓急

有一天，一位顾客来到富兰克林报社前的商店里，在犹豫了很长时间后，他终于开口向店员问道："这本书多少钱？"店员回答："1 美元。"

顾客觉得 1 美元有点儿贵，他希望店员可以便宜点儿。然而无论他怎么说，店员还是坚持原价。最后，顾客强烈要求见一见店长富兰克林先生。迫不得已之下，店员只好答应了顾客的请求。将富兰克林先生从印刷室中请了出来。

见到富兰克林先生后，顾客继续问道："先生，这本书你能给出的最低价格是多少？"

富兰克林毫不犹豫地答道："1.25 美元。"

"什么？刚才你的店员说这本书的标价是 1 美元。"

"他没说错，不过这是刚才的价格。事实上，我情愿倒给你 1 美元也不想离开我的工作。"

富兰克林的话让顾客十分惊讶，他觉得已经没有继续谈下去的必要了。于是他接着说道："那好，你就说说这本书最少需要多少钱吧。"

"现在，我能给出的最低价格是 1.5 美元。"富兰克林答道，语气冰冷。

这位顾客想了想，掏出 1.5 美元放在桌上，拿起书默默地离开了。

为什么这本书的价格会一直往上涨呢？因为对富兰克林来说，时间就是金钱。那位顾客显然也意识到了这一点，所以才会主动照富兰克林给出的价格付了钱。

很多成功者都跟富兰克林一样，他们对于时间非常重视，正是因为懂得了如何分配、安排自己的时间，他们才有别于失败者，站在了人生的顶端。

对我们来说，要想实现自己的梦想，同样要懂得对自己的时间加以管理。

在所有时间管理的方法中，最重要的一点就是要能够分清事情的轻重缓急，确定处理事情的优先顺序。如果一个人做不到这一点，最后往往事倍功半。曾经看过一个小寓言，表明的就是这个道理。

有位农夫在砍树，但他的斧头实在太钝了。所以每一斧下去，大树只会破一点点皮。

这时，一位哲人恰好经过此地，看见这样的情形就问道："你的斧头太钝了，怎么不去磨一磨再砍呢？"

谁知农夫答道："我根本没有时间磨斧头。"

显然，农夫就是个典型的分不清轻重缓急、优先顺序的家伙，所以就算付出成倍的努力，最后也只能得到一点点成绩。

在时间管理工作法中有一种四象限工作法，这种工作法的意思是说，无论什么工作，都可以分为四个类别：

第一种是重要且紧急的工作。这种工作一般要求我们必须马上做，或者近期内必须完成。它具有绝对的优先处理权。当然，之所以会比较紧急，很可能是因为之前的拖延造成的。但此时，显然已经不能再拖延了。所以必须立即着手处理。

第二种是重要但不紧急的工作。这种事有很多，例如养生、全家旅行等，这些事因为关系到你的健康和家庭，所以其重要性自然不言而喻，但是我们往往并不需要立即着手，而可以等到有空再去做，甚至有可能无限期地拖延下去。

第三种是紧急但不重要的工作。这种工作因为紧急，所以往往需要立即行动，所以优先级要仅次于第一种。

第四种是不紧急也不重要的工作。这种通常是一些琐碎的小事，做不做都可以，并不会造成太大影响。

如果我们在生活或工作中，按照这种工作法将事情分类，事情的轻重缓急自然一目了然，我们也就能据此来安排自己的时间，提高自己的工作效率。

现在回想一下，你昨天一天都做了什么？你的时间是否得到了最合理的分配？昨天有多少事是你“非做不可”的？又有多少事是你现在回想起来觉得是在浪费时间的？

有些人每天看起来忙忙碌碌，哪怕是偶尔的休息时间也要用来处理一些文件。可实际上，这种超负荷的方法并不合理，因为你的头脑长时间处于工作状态，很容易产生疲劳感，这样一来，你在处理问题时出错的概率就会变大。所以，虽然你看起来一天完成了很多工作，似乎很有效率，但最后很可能为了补救某项错误而花费更多时间。

所以，不如从一开始就将事情分好轻重缓急，针对不同种类的事情分配不同的时间。并且根据事情的紧急程度，确定处理事情的先后顺序。

美国第39届总统吉米·卡特被大家公认为“最繁忙”的总统，他总是事无巨细，所有事情都一手抓。这样造成的结果是，在他的任期内，并没有创造出什么突出的政绩。

因此，在美国民众眼中，他着实不算个功勋卓著的总统。所以，他下台时的支持率才会只有22%，并且没有得到连任。这个支持率算是自第二次世界大战一来，包括尼克松总统在内的所有总统中最低的了。

作为一国总统，在做事时，应该分清轻重和主次，不能什么都抓在手里。作为一个普通人，我们也应该学会管理好自己的时间，只有这样，才能合理有效地利用它来做更多的事。

避开鸡毛蒜皮的琐事

有位教授在给他的学生上课，他拿来一个大玻璃罐子，并在里面小心地装上了一些拳头大小的石头。他将罐子装得很满，直到再也放不进去一块石头为止。

然后，他冲着自己的学生问道：“你们快看这个罐子，它满了吗？”学生异口同声地答道：“满了。”

听见这样的回答，教授转身从身后拿出一罐沙砾。他毫不犹豫地又把这些沙砾倒进了罐子里，并且晃了晃玻璃罐子，让那些沙砾填满了石头的缝隙。看见这样的情形，学生们都沉默了下来，心有所感。

这时，教授再次问道：“这回呢？满了吗？”学生们回答：“或许还没满。”

教授满意地点点头，然后从身后拿出一罐细沙，再次倒入了玻璃罐子里。就这样，沙砾和石头的缝隙又被细沙填满了。

他又问：“这回怎么样？满了吗？”信心大增的学生们异口同声地答道：“没满。”

教授高兴地笑了，然后从身后又拿出一罐水来，再次倒入了玻璃罐子里。水一点点浸入罐子里沙石的缝隙中，直到罐子口才停止。

这时，教授抬头问道：“谁能告诉我，这说明了什么道理？”

一位同学自告奋勇地答道：“这说明只要你肯努力挤一挤，时间总是会有的。”

听见这样的回答，教授摇了摇头说：“不是这样的，我想说明的道理很简单。看看这些大石块儿，我想说的就是，如果我不先把它们放进去，那我就再也没有机会把它放进去了。”

中国有句老话叫“丢了西瓜捡芝麻”，意思是说抓住了小的，把大的给丢了，也就是说重视了次要的，把主要的给忽视了。这和上面的例子说的是一个道理，都是告诉我们，不要因小失大，因为一些琐事而忽略了真正的大事。

那究竟什么是大事，什么是小事呢？所谓的大事指的是那些能够对我们的人生造成严重影响的事，例如我们的梦想、我们每一时期对自己人生的规划。至于小事，则是指那些不能对我们的人生构成什么影响的琐事，例如今天上班要穿什么衣服、要换一款什么样的新手机等。

著名的职业顾问罗宾斯曾规劝我们说："别把精力放在鸡毛蒜皮的小事上，多想想大事！不要让那些琐碎的小事情绊住了伟大的灵魂。"每个人的时间和精力都是有限的，如果我们只把目光放在一些鸡毛蒜皮的小事上，自然没有多余的精力去顾及那些大事。

在生活和工作中，我们必须学会合理巧妙地安排好自己的时间，分得清哪些事是大石块，哪些事是沙砾，哪些事又是沙子和水。我们的罐子只有这么大，如果不先考虑大事，那就不可能把所有事情都顾虑到。一旦你在罐子里填满了琐事，那些真正的大事就再也放不进去了。

凌静是个做事很干脆爽利的女孩，她有一个原则，不把时间浪费在不必要的事情上。例如她夏天的袜子是肉色和黑色各一打，冬天的羊毛衫也一样，一个款式黑、白两色各买几件。这样她就不用把时间花费在挑衣服上了，也不用担心袜子配不成对。她更愿意把节省出来的时间用在工作中，而不是浪费在穿着打扮上。

凌静有个好朋友叫李晓，两人同在一家公司上班。不过性格却天差地别，李晓是那种不化好妆绝不出门的女孩，平生最大的爱好就是逛街。

有一次，李晓搬了新家，约凌静周末陪她一起去买窗帘。凌静觉得不过是买个窗帘，早上8点出发，两个小时应该足够了，并不会耽误她下午的工作安排。于是，在李晓的软磨硬泡下，凌静答应了陪她一起去。

然而没想到的是，这一逛就是一整天。最开始去的两家店，李晓嫌人家的样式太老。后来的几家又挑颜色，不是太艳了，就是太淡了。好不容易颜色相中了，她又嫌价钱太高，光在那儿和老板磨价钱就花了一个小时。好不容易价钱讲妥了，她又忽然觉得应该再去别家转转，说不定有比这个还合适的。于是，二话不说拉着凌静就走，那家店的老板脸都绿了。

出来后，凌静说道："不就是个窗帘嘛，差不多就得了，不值当为此花费这么多时间。" 李晓却不同意她的说法，她认为这个窗帘事关重要，简直决定了她的生活质量。

凌静真是弄不明白，她的生活质量和一条窗帘有什么关系？但也没办法，只能继续陪李晓东奔西跑。

一整天，她们几乎将整个市里卖家纺的地方都逛遍了。最后，好歹算是勉强找到一条令李晓满意的，颜色适中，价钱也适中，样式也不错。但在凌静眼里，这条和第一家看见的几条没多大区别。好在一阵砍价还价后，李晓终于乖乖地掏钱付了账。此时的凌静长舒一口气，自己终于解脱了。

坐在回家的车上，凌静心里有些懊恼，昨天真不应该答应李晓的邀约，如果把这个时间花在工作上，她应该已经做完了这个月的财务报表，离自己的升职更近了一步。

买条窗帘而已，真的是件小事，完全没必要为此花费这么长时间。只有生命中的那些大事才值得我们花费如此多的时间思索来思索去，反复比较鉴别，最后做出决定。例如买房子、结婚。因为这些大事才真正关系到我们的一生，影响我们生活的质量。至于那条窗帘，相比之下，实在太微不足道了。

如果把所有的时间都浪费在这些琐事上，那你的一生恐怕也就没时间做什么大事了。

不管是在生活中还是在工作中，我们都应该将自己从那些琐事中解脱出来，千万不要舍本逐末。

一只鼬鼠向狮子发起挑战，但没想到的是，狮子毫不犹豫地拒绝应战。于是，鼬鼠说："怎么？你害怕了吗？"狮子看了看它答道："倘若我答应你，你就可以得到曾与狮子比武的殊荣；而我，以后所有的动物恐怕都会耻笑我竟和鼬鼠打架。"

寓言虽小，里面蕴含的道理却很深刻。它告诉我们，对于那些不重要的人和事，我们完全没必要投入过多时间和精力。如果想要成功，我们就不能让琐事牵绊住了脚步，而是应该紧抓自己的目标，大步向前。

别把工作拖到最后一刻

如果有一家银行，每天早上，银行都会给你的账户打入 8.64 万元。但是，每天晚上，这个账户会被清零。如果是这样，我们最好的做法应该是什么？答案很简单，当然是每天都把这 8.64 万元拿出来用掉。

其实，这 8.64 万元就是我们每天拥有的全部时间，如果你这一天的时间没有得到合理安排，最后剩余的也无法累积到明天，只能白白浪费掉。

所以，我们做事时要合理安排自己的时间，要"物尽其用"，千万不要拖延，否则你昂贵的时间就都在不知不觉中被浪费掉了。

话虽然说的没错，但在现实中，依然有很多人愿意将事情一拖再拖，直至最后一刻不得不去做。

如果从心理学的角度来看，我们可以将这种情况称为“最后通牒效应”，也可以叫最后期限效应。这种现象指的是很多人在从事某种活动时，常因为这样或那样的原因，例如准备不足之类的，而将事情一拖再拖，可是如果到了不能拖的情况下，或者已经到了规定的时间，这也一样能完成任务。其实说白了就是，总将事情拖到最后一刻才完成。

之所以会这样的原因有很多，如果从人格结构动力理论上来看的话，可以说人格中的“本我”遵循快乐主义原则，天性就喜欢避重就轻。所以对于那些需要花费大量精力和时间的事，自然会下意识地想要逃避，或者希望可以走捷径。而“超我”遵循“理想主义”原则，有完美主义情节，总觉得提前的准备工作还没做好，应该有更完美的方法来解决问题。

可是，事情这样拖延下去的结果往往适得其反，不仅不会像我们想象的那样因为有了更好的准备而圆满完成，反而会因为时间的仓促，最后不得不敷衍了事。

2014 年，世界杯的比赛在巴西举行。但不知因为什么原因，到 4 月 23 日距离比赛正式开始还有 50 天的时候，巴西对世界杯的筹办工作依然有很多问题没有解决。

例如，原本定于 2013 年 12 月 31 日竣工的 12 座世界杯场馆依然有 3 座没有完工、而大部分世界杯球场内外的基础工程，如交通、网络等也远未达标。

除了拖沓的工程进展外，还有很多地方陆续发生暴乱。这也给巴西世界杯的安全造成很大隐患。

更有甚者，因为这种不明原因的拖延，很多球场内网络检测和更新都没有完成，国际足联秘书长瓦尔克甚至坦言，很担心巴西世界杯会成为一届记者无法发稿的世界杯。

这话并非危言耸听，因为原本为了改善网络，电信运营商要求的是至少提前120天让他们进驻场馆安装相关器械。可是，在距世界杯开赛只有50天时，有些场馆还没交付。所以，最后他们不得不派出一百多名技术人员不分昼夜地铺设网络，但负责人还是说，网络死角已经是不可避免的了。

如果不能按照预定计划去完成目标，非得将所有事拖延到最后一刻去完成，很容易造成巴西世界杯这种混乱的局面。而且因为时间不充裕，所以不可避免地会遗留下很多问题。

不仅如此，如果总将事情拖延到最后，我们就不得不一下子做很多事，身体很容易因此感到疲惫，头脑和精神也会不济。这样一来，我们就会事倍功半，原本只需一个小时就能完成的事，我们很可能需要花费两个小时来干。

其实，这就和我们常说的“平时不烧香，临时抱佛脚”是一个道理。有些人觉得事到临头的感觉更有刺激性，会让他们更快地完成工作。然而细细想来，这种做法其实相当危险：第一，因为可以用来完成工作的时间变短了，所以产生错误的概率就会变大；第二，因为时间紧迫，可能有些错误你都来不及发现，就算发现了，也可能来不及改正；第三，一旦出现临时变故，就会让你措手不及，很可能无法正常完成任务。

所以，千万不要总是把事情拖延到最后一刻才去做，我们应该制订合理的多步目标和计划，而且每一步我们都要保证自己能够负荷。除此之外，还有对自己能支配的时间进行分段管理，逼迫自己在约定的时间内，顺利完成计划好的任务。

零碎时间，值得重视的话题

爱因斯坦说："人的差异在于业余时间。"

还有人说，只要知道一个青年怎样度过他的业余时间，就能预言出这个青年的前程怎样。

每一天，总有很多人不停地嚷着自己有多忙。他们忙着做这，忙着做那，唯独没有时间去做自己想做的事。所以，他们总是在不停地等待，等着一个能有几天或几星期的假期出现。于是，那些细碎的时间就在这种等待中，一点点溜走了。

1903年的纽约数学学会上，有一位叫科尔的科学家，他通过令人折服的运算论证，证明了一道世界数学难题。在人们的惊诧和赞许之余，有人向科尔问道："这个课题您花费了多少时间？"

科尔回答："3年里的全部星期天。"

科尔的经历告诉我们，如果我们能对自己的业余时间加以利用，依然能有很大的成就。

在少年时期，富兰克林生活的环境十分艰苦，他是家里的第十五个孩子，同时也是最后一个儿子。家里孩子太多，钱财方面自然捉襟见肘。所以，十岁时，富兰克林辍学了，回到家里帮父亲做蜡烛维持生计。算起来，在他的一生中，只在学校待过两年。

当他十二岁时，他去了一个小印刷店当学徒，这一干就是十年。可是虽然工作很辛苦，但富兰克林从未放弃过学习，他将所有闲暇时间利用起来，阅读了大量的书籍。有时整夜不睡觉，以便于将借来的书读完，尽快归还。而且他所读的书涉猎的范围极为广泛，无论是自然科学，还是学术论文，他都会阅读。

后来，富兰克林成为美国著名的政治家、科学家、外交家、出版商、印刷商、慈善家，同时还是记者和发明家。避雷针就是他的发明。那句众所周知的“时间就是金钱”正是出自他口。

我们相信，富兰克林之所以能在各方面都取得非凡的成就，和这一时期利用闲暇时间积累的大量知识有很大关系。

成功的人总是善于利用他们的业余时间，尤其是早上，俗话说“一年之计在于春，一日之计在于晨”。与其早上躺在被窝里睡懒觉，不如利用这段时间做些有意义的事。

要知道我们的头脑在早上是最清醒的，因为它已经经过了一整夜的休息。所以，如果这时能做点儿运动或者读几页书，会让我们的精神更加饱满，在面对新的一天时更加积极。

现代的年轻人大多睡得晚起得也晚，所以很多时候，甚至来不及吃早饭就开始着急忙慌地赶地铁、赶公交车。最多在路上买些小吃，在到公司之前狼吞虎咽地吃完，这种做法显然不利于我们的健康。

如果我们能早起一点点，就能享受一顿美味可口的早餐。这样不仅有利于我们的身体健康，也会让你拥有一个好心情，在工作时更有效率。而且早上是氧含量最高的时候，所以如果我们能早起一点儿，在户外锻炼一小会儿，无论是对我们的身体，还是对我们的工作，都会有很大帮助。

对于那些不善于利用业余时间的人，希望他们能牢记 15 分钟原则，有些著名的作家正是利用这个原则完成了一本本书稿的写作。

首先，我们要必须确定自己想做的事。然后，保证自己每天会在这件事情上花费至少 15 分钟。无论发生什么，出现什么意外情况，都必须保证这 15 分钟的顺利执行。

15 分钟的时间并不长，但如果日积月累起来，其形成的力量无疑是可怕的。如果不算星期日，每周六天，每天 15 分钟，那一年下来，我们就会在这件事情上花费 78 个小时，这个时间着实不短。

不仅如此，慢慢地你就会发现，就算不在 15 分钟之内，一些其他的闲暇时光，你的脑海中也会一直想着自己想做的事，偶尔还会冒出一些新奇的点子。这样一来，到了最后，你会发现 15 分钟是远远不够的，你会将那些闲暇时间都用来做自己想做的事，而不是一味地在那儿抱怨自己太忙了。

11 >> 一时的激情释放，那不叫勤奋

坚持下去，整个世界会为你让路

没有实现梦想的人有很多，之所以会这样并不是因为他们的梦想太远大，而是因为就连他们自己都对梦想心存怀疑，所以往往坚持不到最后。

如果一个人真的明白自己想要什么，并且能够一直坚持下去，整个世界都会为他让路。

澳大利亚16岁女孩杰西卡·奥森，驾驶着“埃拉蒂红粉佳人”号帆船，独自一人在茫茫大海上航行了210天，最后终于平安回到了悉尼港。

从小时候开始，奥森就经常跟随家人出海航行，她一直梦想着自己有一天也能独自去环球航海。可是，她的这项提议并没有得到支持。听到消息的政府有关部门甚至专门去她家拜访，希望她可以放弃独自航海的决定。

然而，奥森及家人并没有因此退缩，他们相信这个梦想终会实现。而且在法律上，并没有相关的明文规定。所以，奥森绝不会放弃自己的梦想。

事实证明，她最后凭借自己的力量奇迹般地完成了这一惊

人的壮举。虽然，这项“破纪录”的壮举并没有得到专业机构认证，但澳大利亚总理还是称赞她是“澳大利亚的新英雄”。

不过这样的称赞并没有得到奥森的认同，她对记者说：“我不赞同总理的说法，我并不认为自己是个英雄。事实上，我只是一个普通女孩，只不过我选择了相信自己的梦想。”

对于是否破了世界纪录，奥森同样不在意，她认为最重要的是将自己想做的事做好。她告诉我们：“你只要相信你的梦想，并且为之坚持不懈地努力奋斗，那就没有什么是不可能的。”

实现梦想的道路有很多，走哪条路的都有，尽管选择的道路不同，却并不妨碍梦想的实现。真正会让你前功尽弃的，往往是路上的彷徨。奥森最后之所以能够成功，就是因为她相信自己的梦想，并且能够坚持不懈地去实现它。

这个世界上，能立大志的人很多，但真正坚持下来的没有几个。短期内凭借一时兴趣努力的很多，但长时间坚持不懈的没有几个。

从小时候开始，我们就有各种各样的梦想，但长大后真正能实现的却少之又少，这都是因为我们缺乏一种坚持不懈的精神。

1995 年，约翰·伯特兰·格登被授予爵士。2012 年，他荣获诺贝尔生理学或医学奖，他主要从事的是细胞核移植和克隆方面的研究。

可是在小学时，格登的成绩并不理想，每次公布考试成绩，格登的脸上都阴云密布。从很小的时候开始，他就对生物学非常感兴趣。在他的记忆中，做过的最特别的事就是曾经在学校养过上千只毛毛虫，然后看着它们变成飞蛾。

15 岁时，他到伊顿公学读生物学，也算是如愿以偿。可是，在全年级 250 个男生中，他的生物课成绩竟是倒数第一，甚至其他理科成绩也不光彩，他被同学们戏称为“科学蠢材”。他的老师加德姆还因此特地给他写了一份报告：“他梦想成为一位生物方面的科学家，这点我相信。不过就他现在的表现来看，这简直是一个笑话。”同时，这位老师还表示，就算是最简单的生物学知识，格登都理解不了，继续教他简直是浪费彼此的时间。

不过即便同学和老师都不看好他，但格登从来没有放弃过。他甚至觉得就算将来自己无法成为科学家，但只要能够从事自己喜欢的生物学方面的工作，也是非常不错的。

后来，他中学毕业了，打算申请牛津大学。可是牛津大学的招生主任却对他说：“你可以就读牛津大学，但必须马上来就读，而且不能选择你入学时申请的生物专业，你的成绩只能去学古典文学研究。”

或许在这些人眼中，他真的不适合学习生物学。可是，格登依旧没有放弃，当他在牛津大学学习了一年的古典文学后，向学校提出转专业，打算转入生物系。然而，这个申请被学校拒绝了，因为他的生物课成绩让老师们不愿意接受他。即便如此，他依然没放弃自己的梦想，而是采用迂回战术，选择了和生物学有很大关系的动物学研究。

可是，这次不但老师不支持他，就连他的母亲都反对他的决定。因为英国的古典文学是世界出名的好专业，而动物学却相对冷门，况且格登的成绩实在算不上好。

不过，格登还是坚持自己的选择，最后如愿以偿，终于开始了自己喜欢的生物学研究。可是，他依旧没做出什么显眼的成绩，当他的同学都已事业小有所成时，格登依然默默无闻地整天待在实验室里，没有人知道他在干什么。

1958年，他的坚持终于有了回报，那一年，他声名远播。因为他在完成博士学位的同时，从蝌蚪细胞中提取出完整的细胞核，成功地克隆出了一只青蛙。

从那以后，他被冠上了“克隆教父”的美誉。

即便已是79岁高龄，他依然没有放弃对生物学的研究，依旧坚持着自己的爱好。在他工作的剑桥大学办公室中，当年老师给出的那份最差报告一直被他挂在墙上，他以此来告诉自己：只要肯坚持，你的梦想总有实现的一天。

实现梦想的过程十分漫长，而且孤独。所以，并不是所有人都能够坚持下来。有些人将梦想当作崇高的信仰，永远以一种坚定执着的精神向着它前行，就像格登一样。可还有一些人，他们对生活毫无目标，每天得过且过。我们相信，这两种人的人生肯定截然不同。

可怕的“半途效应”

成功为什么这么难？或许并不是因为你没天赋，也不是因为你没努力，而是因为你没有坚持住。

将一件事情长久地坚持下去，无论对谁来说，都不是一件容易的事。每天跑几公里、每天背10个单词、每天看几页书、每天做一项运动……这种计划每个人都做过，但真正能坚持下来的恐怕没几个。有的只坚持了一个星期，有的甚至只坚持了几天。

这些计划很难吗？当然不是，恰恰相反，它们都十分简单。

可我们依旧会因为各种各样的理由选择中途放弃。其实，这些理由不过是借口罢了，是我们自己经不住诱惑，总是在中途冒出这种想法“今天先休息一下，没关系的，明天再继续”。就这样，我们的很多计划都夭折在了这种“今天先休息一下”上。

心理学上有一种“半途效应”，它指的就是当我们追求某一种目标时，在半途中，因为对这个目标的意义或自己的能力产生怀疑，因此心理被负面情绪左右，而选择中途放弃的行为。

这种半途效应的出现可能有两个原因：一是，因为我们制定的目标不合理，当人们觉得成功无望时，半途而废的可能性就会变大；二是，因为执行目标的人意志力比较薄弱，不容易拒绝中途的诱惑，所以才会半途而废。

马拉松是世界著名的长跑比赛项目，全长有46.195公里。有一人经常参加马拉松比赛，而且大都名列前茅，这让很多人十分好奇，不知道他为何如此厉害。有人询问他其中是否有什么秘诀，他笑了笑，对大家讲述了他第一次参加马拉松比赛的经历。

第一次参加马拉松比赛时，他还是个少年。比赛刚开始，他就发足马力跑得飞快。可没过多久，他就觉得双腿沉重，难以为继。此时，比赛的终点还远着呢，甚至连半程都不到。

这时，一辆车从他身旁经过，上面零星地坐着几个人，这辆车是专门用来接送那些放弃比赛的选手的。看着车上舒服的座位，他也差点儿放弃，“既然这么累了，那就休息一下吧。”他心里这样想着。不过好在他马上意识到这是自己的第一次比赛，如果此时就放弃，那就太丢人了。于是他继续往前跑去，不过脚步已经慢了很多。

不知跑了多久，接送车再次从他身边经过，此时他觉得自己连脚都抬不起来了，与其说他在“跑”，还不如说他在“走”。不过他依然放弃了上车的念头，还在继续坚持着前行。就这样，他又跑了一段时间，最后来到一个小土坡下，虽然这个小土坡并没有那么陡峭，但对此刻已经精疲力竭的他来说，依然难如登天。这一次，他终于抗拒不了脑中那让他休息一下的念头了，坐上了从身边经过的接送车。

他坐在车上大口喘着气，透过车窗，他看见车子缓缓驶上了小土坡。当车子到达土坡最高点时，他一下子睁大了双眼，因为他看见终点就在他前方不远的地方。原来，这个小土坡就是终点前的最后一道难关。

他心里可惜极了，因为只要自己再坚持一下，完全能够跑完全程。所以，从此以后，只要他跑不动了，他都会告诉自己“再坚持一下，没准儿下一步就能看见终点了”。就是靠着这种方法，他一次又一次地跑完了马拉松的全程。

很多时候，正是因为我们总想着让自己“先休息一下”，所以最后才会半途而废。

日本棒球选手王贞治在《世界棒球王的回忆》中曾说道：“谁都有两颗心。一颗是严厉督促激励自己之心，另一颗可以说是懒惰之心、宽容之心。‘加油呀’和‘已经可以了’，这两种心情常常在一个人身上交织在一起。有时，严厉之心得胜了；有时宽容之心、妥协之心占了上风。世界上没有十全十美的人。何况谁都会知道还是休息舒服。然而，我是按自己的愿望进入棒球世界的。因此，我觉得如果半途而废就不成体统。”

法国作家罗切福考尔德也说：“事情很少有根本做不成的。其所以做不成，与其说是条件不够，不如说是由于决心不够。”

确实如此，很多事情我们之所以会坚持不下来，就是因为没有坚定的决心，所以才抗拒不了中途的诱惑。

在我们的生活中，诱惑可谓无处不在。如果你是学生，抗拒不了游戏的诱惑，就会荒废学业；如果你是官员，抗拒不了金钱的诱惑，就会误入歧途；如果你是企业高层，抗拒不了利益的诱惑，就会盲目投机，造成企业的亏损；如果你是追求梦想的年轻人，抗拒不了中途的诱惑，就会半途而废、一事无成。

所以，我们必须坚定自己的决心，学会拒绝中途的诱惑，用坚定的信念扫除一切企图让你半途而废的障碍，这样才能在成功的路上坚持不懈地走下去。

成功不是天上掉下的馅儿饼，不是说你坐在那里就会砸到你脑袋上的。它是无尽的汗水加坚持不懈地努力组成的。不想劳动就想收获？无论对谁来说，都是不可能的。成功就像织毛衣一样，只有坚持不懈地一针一针织下去，最后才能合身。

众所周知，齐白石是我国的绘画大师，所作的鱼虾虫蟹，天趣横生。不仅如此，其实，在篆刻一道上，齐白石同样实力非凡。

齐白石年轻时，对篆刻产生了浓厚的兴趣。于是，去求教一位老篆刻家。结果那位篆刻家对他说：“你去挑担石头来，刻了磨，磨了刻，等你把这些石头都变成泥浆时，你的印也就刻好了。”

于是，齐白石真的按老篆刻家的话去做了，没日没夜地在那儿刻石头。刻好了就磨平，磨好了就再刻，连手上起了泡也没有放弃。就这样，时间一点点过去，石头越来越少，地上的泥浆越来越厚，齐白石的篆刻技术也越来越娴熟，最后终成一代大家。

贝多芬说："涓滴之水终可以磨损大石，不是由于它力量强大，而是由于昼夜不舍的滴坠。"

古今中外，成功之士不知凡几，他们的成功并不是因为比别人多了分运气，而是因为与普通人相比，他们更具备持之以恒的勇气。

不怕慢，就怕"欲速则不达"

孔子的学生子夏要到莒父去做地方官，临行前拜望老师，请教道："如何才能治理好一个地方呢？"

孔子叮嘱他说："无欲速，无见小利。欲速，则不达；见小利，则大事不成。"意思是告诫他，在做事时，不要一味地追求速度不讲成效，反而无法达成目的。

"欲速则不达"这是一个很简单的道理，但古往今来，能真正把这个道理理解透彻的人却很少。

一个欧洲商人去远方卖货，他的生意非常好，所以带来的货物很快就卖完了。于是，他带着给家人的礼物驾着马车开始往家赶。

他实在太想念自己的家了，所以一路上马不停蹄，当他住店休息时，已经是大半夜了。可是，第二天天刚亮，他又赶快爬起来赶路。当他把马从马厩里牵出来时，旅店的老板发现马左脚的铁掌上少了个钉子。他连忙把自己的发现告诉商人，但商人却摆摆手满不在乎地说道："我正急着回家呢，还有十天就到了，我可不想为了一颗钉子耽误时间。"于是，商人驾着马车继续前行。

两天后，他在路过一个小镇时被钉马掌的人叫住了，提醒他，他的马掌快掉了。但商人还是说："还有八天，我就到家了，我可不想为一只马掌耽误时间。"说完就离开了。当出了小镇后，没走多远，马掌果然掉了，但商人想："我可不想回小镇再耽误时间，就这样走吧。"于是，商人继续前行。

又过了两天，因为没有马掌，马走路开始有些瘸了。这时，一位路过的牧马人提醒商人道："马的腿快瘸了，你等它养好腿再走吧。"可商人还是说："还有六天，我就到家了，我可不想因此耽误时间。"就这样，他驾着瘸了腿的马继续前行。

两天过后，马的腿终于连站都站不起来了，迫不得已之下，商人只好弃马步行，身上还背着给家人的礼物。最后当他到家时，甚至比预定的时间还要晚两天。

每个人都希望可以尽快达到自己的目的，那种急切的心态不难理解。可是我们必须知道，任何成功都不是一蹴而就的，都需要经过挫折和时间的打磨。

"宝剑锋从磨砺出，梅花香自苦寒来。"如果一味地急于求成，最后往往适得其反。不仅功亏一篑，还可能落得个揠苗助长的笑话。

从前有对贫苦的夫妻，突然有一天，他们发现家里的母鸡下了一只金蛋。他们高兴地拿这只金蛋换了很多钱，生活也开始富足起来。

可是，这只鸡每天只下一只金蛋。没过几天，这对夫妻就着急起来。这时，丈夫突然想：“如果这只鸡每天都能下个金蛋，那它肚子里一定有很多金子。何不直接把它杀了，这样不就能一下子得到很多金子了吗？这样就省事多了。”

于是，他找来刀，直接将这只母鸡的肚子割开了。结果没想到，这只母鸡和其他鸡没有任何区别，肚子里根本没有什么金子，只是普通的内脏罢了。

愚蠢的农夫急于求成，不仅没有一次得到很多金子，就连以后每天一个金蛋的生活保障也没有了。就算他此时后悔，也无济于事了。

在我们的现实生活中，很多人会犯和农夫一样的毛病。他们急切地想要达到自己的目的或者取得成功，却忽略了一个事实，任何事业都是一个坚持奋斗的过程，这个世上没有谁是一下子就成功的。

贝多芬花费39年才写出《合唱交响曲》、司马迁13年才写成《史记》、越王勾践卧薪尝胆多年才灭吴国……所有事实都在告诉我们，有些成功急不来，只有坚定平和地走下去，才有取得胜利的一天。

12 >> 每天多做一点点就是希望的开始

不要看不起“小事情”

愚公移山的故事是每个中国人都耳熟能详的，它告诉我们在做事时，要想成功，必须具备毅力和恒心。但如果换个角度来看，愚公每天都去挖土，世世代代下来，甚至能夷平两座大山，这一事实同样告诉我们，不能轻视“小事”的力量。

可是，在我们的工作和生活中，总有一些人愿意以“这是小事”而放弃努力。因为这是小事，所以我们根本不用去费心；因为这是小事，所以我们根本不用认真对待；因为这是小事，所以我们根本不用为之努力。因为这种想法，我们常常对一些小事置之不理。然而我们不知道的是，正是通过这些小事，我们才能锻炼出解决大事的能力和经验。

东汉时期有个叫陈藩的少年，胸怀大志，独居一室，屋里脏乱不堪。

有一天，他父亲的老朋友薛勤前来看望他，眼见屋里如此脏乱就对他说：“孺子何不洒扫以待宾客？”

陈藩听见这话大声答道：“大丈夫当扫天下，安事一屋乎？”

听见这话，薛勤立即反驳道：“一屋不扫，何以扫天下？”陈藩立即无言以对。

现在的很多年轻人和例子中的陈藩很像，十分骄傲，而且胸怀大志。当然，这种想要“扫天下”的决心是难能可贵的，但他们却忘了，无论做什么事，都必须日积月累、由小及大，任何“扫天下”的志向都要从“扫一屋”开始。

有些人总觉得自己是干大事的，所以在平时工作中，总是自以为高人一等，对于一些小事，总是一副看不起的样子。却不知正是因为如此，他们才很难取得成功。他们不明白，任何伟大的成功都是从一件件小事做起的。

《致加西亚的信》一书被很多军队、企业奉为培养士兵、员工的必读书，这本书中曾写到：“世界上再宏大的工程，也都可以分解成细小的具体事情，要想做成大事情，就必须把分解后的每一件小事情做好，所以任何事情都要从一开始做起，只有从一做起，才能做到二，做到三，才能最终成功。”

所有的成功都是由一件件小事做起的，但有时候，能把每件小事都做好，本身就是一种成功。

孙东侠是个普通的辽宁姑娘，她的家在辽宁，但为了祖国的航天事业，她却终年生活和工作在茫茫戈壁中的航天城里。

2001年，孙东侠从辽宁工程技术大学的电器技术专业毕业。后来，她成为一名酒泉卫星发射中心发射测试站的技术人员，并在“神七”任务中，负责遥测数据接收工作。

表面看来，这项工作没什么，不过是接收一些数字、时间的数据罢了。然而事实上，这项工作非常重要，甚至直接关系到航天员的生命安全。

临射前30分钟到点火后125秒钟，这是遥测信号接收最关键的时间段，此时接收的数据会直接反映给故障检查系统。一旦数据有异常，系统判断火箭、飞船的运行状态不正常，必须立即做出决定，是停止程序还是紧急关机。

因为关系重大，所以在工作中，孙东侠总是格外认真负责。她常说："把很多小事做好了就是做了一件大事。"

在为"神七"任务进行准备的设备检修检测过程中，有几组数据非常不稳定，孙东侠发现了这点异常。其实，她原本只需把这些数据反映给各系统就可以了，有什么问题各系统会处理。但孙东侠还是不放心，她觉得这背后一定存在很大的隐患。于是，她开始和同事们努力查找原因，结果发现各设备的运行并没有异常。

即便如此，她依然没有放弃，依旧顺藤摸瓜地继续向上查找，最后终于发现出现问题的是户外的信号通道的增益放大器。孙东侠说："因为增益的强弱会影响信号的强弱，这样就会使我手中设备接收到的数据不准确。数据不可信，各系统也就不能正确判断自己设备运行状态，这对'神七'来说非常危险。最后我们把设备送回了厂家修理，现在我们接收的数据都是真实可靠的。"

孙东侠能认真对待每一件小事，即便这件事再如何小，她都能认真努力地去做好它。其实，这种认真努力的本身就是一种不平凡。

海尔总裁张瑞敏说："什么是不简单？把每一件简单的事做好就是不简单；什么是不平凡？能把每一件平凡的事做好就是不平凡。"

“额外”的努力

在工作中，只是竭尽全力完成自己该做的事还远远不够。在“分内”工作之外，怎样看待“额外”的工作，是判断一个人能否成功的关键指标。

有些人在工作中总是一副敷衍了事的态度，当工作安排到他们手上，他们会去做，但并不会竭尽全力。例如让他们与某人取得联系，他们会打打电话，发发微信。如果没有得到回应，他们就会理所当然地声称“无法联系上”。

还有一些人恰好与之相反，他们不但会竭尽所能地完成任务，还会在完成任务后，尽量多做一点点。例如，多收集一些资料，多做一些计划等。

除了自己的本职工作，你确实没有义务再额外去做些什么。但为了提升自己的能力，让自己更具备竞争力，我们完全可以自愿去做这些事。

有些人总觉得，每天额外去做一些事，完全是浪费我们的时间。他们显然忽略了一个事实，每天多做一点点不仅能得到他人的赞誉，还能锻炼我们的能力，让我们更被需要。

李梅是一家著名国际公司的员工，公司里人才济济，长相平平、学历平平的李梅实在不怎么显眼。她像大多数人一样，每天穿梭在小小的格子间中，从来无法引起大老板的重视。

后来，大老板上调，公司来了一位新领导。有一天，本来已经下班的李梅因为钥匙忘在办公桌上了，只好重新回公司去取。当她到达公司后，发现新老板的办公室还亮着灯。她想可能是因为这位老板是刚来的，对公司情况还不熟悉，所以才会工作到这么晚吧。

想到这里，她忽然停住了离开的脚步，心想也许老板现在对公司各处还很陌生，说不定会需要她的帮助。

于是，李梅回到自己的座位上，打开电脑，开始继续做今天未完成的工作。过了一阵儿，新老板推开办公室的门走了出来，开始站在原地左右张望。

李梅起身过去询问，有什么需要帮忙的吗？李梅的出现让老板有些惊讶，但他还是说道：“哦，是这样，我办公室的打印机好像没墨了，我想换上一个，但不知道大家平时都把墨盒放在哪儿？”于是，李梅帮新老板找好墨盒并换上，然后回到座位上继续工作。

就这样，从那以后，每天下班李梅都会多留一会儿，有时是继续做今天未完成的工作，有时是整理明天需要的东西。而新老板在需要什么东西的时候也会招呼李梅帮忙。

又过了一段时间，新老板对公司的环境已经十分熟悉，所有工作也都上了正轨，所以下班后很少再留下来。可李梅却一如既往，她已经养成了每天下班多做一点儿的好习惯。因为她发现虽然只是留一会儿，但这时的工作效率却很高。而且因为前一天多做了一点儿，第二天的工作就会变得很从容，再也不像以前那样忙忙碌碌了。

半年后，新老板的助理辞职了。当人力资源主管询问老板是直接从外面重新招人呢，还是从公司内部提拔时，新老板第一个想到的就是李梅，李梅顺利地得到了提升。

养成每天多做一点点的习惯会让我们受益匪浅。它会培养我们的能力，让我们从其他竞争者中脱颖而出，还能防止我们在安逸悠闲的环境中变得越来越懒散。

除此之外，积极主动地去做一些额外的工作还能为我们带来机遇。如果这件事原本不该你做，但你能主动去完成，无形中你就比别人多了一个机会。

1923年，余彭年出生于湖南省娄底涟源市，父母都是小商人。少年时，他曾去长沙求学，毕业后帮父亲打点生意。然而，当时时局动荡，生意并不好，迫不得已之下，余彭年决定独自去上海闯荡，在上海做各种小工。

1958年时，余彭年从上海申请去往香港。他刚到香港时，人生地不熟，语言也不通，想要找个工作非常不容易。后来，经过几番努力，他终于在一家公司找到一份勤杂工的工作，每天的任务就是打扫卫生、收拾厕所。

对余彭年来说，这份工作来之不易，所以他十分珍惜。每天，他都会把厕所和员工办公室收拾得干干净净。不仅如此，即便是休息日，当别的勤杂工都回家休息时，余彭年依然照常工作。平时的工作是他应尽的职责，可休息日的工作却是他自愿做的。他知道每个周末都会有员工来加班，他觉得自己应该给他们创造一个好环境。

就这样，在这大半年的时间里，余彭年从来没有休息过。后来有一天，公司老板恰好在星期天来加班，发现了余彭年的举动，当他得知这半年来每个休息日他都这么做时，立即把他叫到自己办公室，给了他一个在公司办公室工作的机会。

余彭年不但工作勤奋，而且头脑灵活，所以之后不断地被提拔，一直做到公司总经理。几年后，他觉得自己创业的时机已经成熟，想要自己开公司。当他将这一想法告诉给公司老板时，得到了老板的大力支持。这位老板相信余彭年的能力，不仅同意他辞职创业，而且还在资金上大力支持他。

随后，余彭年创立了自己的公司，公司不断发展壮大，涉及地产、旅游等多个方面。他成为香港知名商人，是历任香港元朗博爱医院总经理、富得发展有限公司董事长以及彭年酒店董事长。同时，他还是中国大陆第一个建立超十亿美金民间慈善基金会的慈善家。

正是因为能在工作中多做一点儿，多出一份力，余彭年才获得了取得更大成功的机会。

有些人总是抱怨自己不被重用，却从不反省自己的行为。无论做什么，他们都敷衍了事，幸运之神又怎么会眷顾他们呢？与他们相比，那些好运气的人往往是愿意付出更多努力的勤奋者。他们愿意做得更多，愿意坚持得更久。一年三百六十五天，就算每天多走一步，一年下来，他们与目标的距离也会缩短三百六十五步。

每天多做一点点，并不是件难事。我们只要明确自己心中的目标，向着那个方向多想一点儿，比其他人再多做一点儿。总有一天，这个目标不会再如此遥不可及。

怎样吃掉一头大象？一口一口吃

生活中会面临很多问题，有些问题复杂棘手，常使我们还没开始就已经被吓倒了，将它误认为是“不可能解决的事”。那如果将这些难办的大问题分解成一个个小问题呢？那样还难解决吗?

如何吃掉一头大象？答案很简单，一口一口吃。这里面蕴含的智慧很深。有些大事看起来很难，甚至遥不可及，但只要我们将它分解开，每次都专心解决一些小事。总有一天，这个大象会被我们吞入腹中。

在法国德龙省罗芒以北的Hauterives村，有一处著名的旅游景点，被称之为“邮递员希瓦勒的理想宫”。在1969年时，此地被批准成为文化遗产。

然而，他的建造者不过是一名普通的邮差。自从第一次在送信的路上发现了石头的奇特和美丽后，每次送信，他都会捡一些石头带回来。

这中间也曾有人嘲笑他，说他是平白给自己增加负担，但他依然没有放弃，甚至萌生了想用这些美丽的石头建造一个城堡的想法。于是，之后每次送信时，他都会推一个独轮车，将那些看中的石头带回来。

白天送信、捡石头，晚上回来堆砌建造。就这样，他花费了33年时间，终于将这个不可能完成的梦想变成了现实。为世界现代艺术史上增添了最独特的一笔。

用捡来的石头建造一座城堡,在很多人眼里,这都是一个笑话，是个无法解决的大问题。可是，希瓦勒却将这个大问题分解成了小问题。他唯一要做的就是，每天在送信的同时，捡回一些石头，并把它们摆到合适的地方去。剩下的，只要交给时间就可以了。

俗话说“一口吃不成胖子”。每一个大成功都是由一个个小成功积累起来的。我们的能力也许不够，想要获得巨大的成功也许很难。但想要得到一个小成功却很容易，也许一个小成功什么都改变不了，但无数个小成功积累起来，我们依然会成为巨人。

伯森·汉姆在1983年因徒手攀登上了纽约帝国大厦被赋予了“蜘蛛人”的称号，与此同时，他还创造了吉尼斯纪录。

得知这一消息的美国恐高症康复联席会向他发出邀请，希望汉姆能担任此联席会的顾问。

接到聘书后，汉姆打电话给诺曼斯，请这位联席会主席查一查1042号会员的名字。很快，这位会员的名字就在电脑上显现出来——伯森·汉姆。原来，他们要聘请的这位顾问本身就是一位恐高症患者。这一事实让诺曼斯非常惊讶，就算是一个普通人，站在高处都会有畏惧感，更何况是一位恐高症患者呢？为了解开这个谜题，诺曼斯决定亲自去拜访一下伯森·汉姆。

然而，当诺曼斯来到汉姆的住所时，却被另一景象吸引住了。现场的大多数记者竟然围绕在一位老人的身旁，主角汉姆反倒在一旁无所事事。心中疑惑的诺曼斯向周围的人打听情况，最后得知原来这位老人是伯森·汉姆的曾祖母，今年已经94岁了。为了庆祝汉姆创造了吉尼斯纪录，她特意从100公里外的葛拉斯堡罗徒步赶来。她的这一行为真可谓锦上添花，不仅让汉姆更显荣耀，而且无意中还创造了一位老人徒步百里的纪录。

有位记者向老人问道：“您已经这么大岁数了，竟然还徒步走了这么远，难道您就不担心自己的身体吗？”老人笑了笑，大声地说道：“小伙子，如果让你一下子走完100公里，这显然是件很难的事，并不是所有人都有勇气这样做。可是，如果只是让你走一步呢？这是谁都能办到的，简单得很。所以，你只要向前走一步，再走一步，这上百公里总是会走完的。”

听到这里，诺曼斯恍然大悟。此时，他终于明白伯森·汉姆是怎样克服恐高症，徒手攀登上四百多米高的纽约帝国大厦的了。原来，汉姆使用的方法和他的曾祖母并没什么区别。对于四百多米高的大厦，汉姆也许会有恐惧。但对于“一步”的距离，他却并不害怕。他最后之所以会成功，不过是因为他像自己的曾祖母一样战胜了无数个“一步”而已。

如果我们的目标十分难以达成，那不妨学学伯森·汉姆，将它们分解成“一步、一步”的高度。每走完一步，我们就等于创造了一个小成功，总有一天，复杂的大问题会被解决，我们也会站在成功的高处。

其实，有些人也并不是不愿意为了理想付出。可是，他们却希望只付出一点儿努力就能成功。

有位画家向朋友抱怨，说他花了一天画的东西竟用了一年才卖掉。朋友想了想对他说：“那你为何不反过来呢？如果你肯花一年时间去画点什么，估计要想卖掉它，可能连一天都用不到吧。”

只有失败者才会指望一蹴而就的成功，因为真正的聪明者十分清楚，成功从来是一步步得到的，它需要不断地从部分成功中吸取经验。无论何事，在做好之前，我们都必须努力。

我们必须记住：如果我们能付出和别人一样的努力，一定不会比他差到哪儿去。而如果我们能付出比别人更大的努力，我们就比他更接近成功。